新型基础测绘背景下市县基础测绘"十四五"规划研究

广西壮族自治区自然资源遥感院　编

刘润东　潘婵玲　主编

广西科学技术出版社

图书在版编目（CIP）数据

新型基础测绘背景下市县基础测绘"十四五"规划研究 / 广西壮族自治区自然资源遥感院编；刘润东，潘婵玲主编. —南宁：广西科学技术出版社，2022.6（2023.8重印）

ISBN 978-7-5551-1824-4

Ⅰ. ①新… Ⅱ. ①广… ②刘… Ⅲ. ①测绘工作—规划—中国—2021—2025 Ⅳ. ①P205

中国版本图书馆CIP数据核字（2022）第125586号

XINXING JICHU CEHUI BEIJING XIA SHIXIAN JICHU CEHUI SHISIWU GUIHUA YANJIU

新型基础测绘背景下市县基础测绘"十四五"规划研究

广西壮族自治区自然资源遥感院　编

刘润东　潘婵玲　主编

责任编辑：何杏华　　　　　　　　　　　责任印制：韦文印
责任校对：冯　靖　　　　　　　　　　　装帧设计：梁　良

出　版　人：卢培钊
出　　　版：广西科学技术出版社
社　　　址：广西南宁市东葛路 66 号　　　　邮政编码：530023
网　　　址：http://www.gxkjs.com

印　　　刷：北京虎彩文化传播有限公司

开　　　本：787mm×1092mm　1/16
字　　　数：272 千字　　　　　　　　　　印　　张：15
版　　　次：2022 年 6 月第 1 版
印　　　次：2023 年 8 月第 2 次印刷
书　　　号：ISBN 978-7-5551-1824-4
定　　　价：58.00 元

审　图　号：桂 S（2022）35 号

版权所有　侵权必究

质量服务承诺：如发现缺页、错页、倒装等印装质量问题，可直接向本社调换。

编委会

主　　编：刘润东　潘婵玲

副主编：廖超明　梅树红　刘　清　陈瑞波

　　　　罗　恒　吕华权　黄友菊　赵学松

　　　　王国忠　雷江涛

编　　委：裴德西　吴　帅　凌　海　廖东平

　　　　罗能元　曲瑞超　苏蕴远　杨海华

　　　　曾咏强　吴　杰　滕永核　鲍资元

　　　　韦华军　何丽娟　王业芳　陶　衡

　　　　谢宗音　郭小玉　李区生　刘熙添

　　　　陈家兴　李柏强　罗义谈　李月连

　　　　罗贵仁　邓日勇　杨　程　凌聪聪

　　　　覃　宇　冯小坚　潘桂颖　陈　剑

　　　　蒋齐跃　陆　挺　黄　可　刘　晓

　　　　李同光　玉森志　吴君峰　欧阳艳梅

　　　　罗晓丹　赖建梅　李　彬　张建宇

　　　　梁柳铄

前　言

　　基础测绘是国民经济和社会发展的一项基础性、前期性、公益性事业，为经济建设、国防建设和社会发展提供测绘地理信息成果服务，是经济社会可持续发展的重要支撑。基础测绘规划是法定规划。《中华人民共和国测绘法》《广西壮族自治区测绘管理条例》明确要求，县级以上地方人民政府测绘地理信息主管部门会同本级人民政府其他有关部门，根据国家和上一级人民政府的基础测绘规划及本行政区域的实际情况，组织编制本行政区域的基础测绘规划，报本级人民政府批准后组织实施；根据本行政区域的基础测绘规划编制本行政区域的基础测绘年度计划，将基础测绘工作所需经费列入本级政府预算。

　　"十四五"时期是我国由全面建成小康社会向基本实现社会主义现代化迈进的关键时期，也是加快推进生态文明建设和经济高质量发展的攻坚期。机构改革后，自然资源部和各地自然资源部门成为新的测绘地理信息主管部门。在新体制下，测绘地理信息工作由过去具有独立业务、独立职责、独立人财物等资源配置权的"事业"变成自然资源管理业务板块之一，与土地、矿产、林草、地调、海洋等业务一样，共同支撑自然资源部门行使"两统一"职责（统一行使全民所有自然资源资产所有者职责，统一行使所有国土空间用途管制和生态保护修复职责）。基础测绘全面融入自然资源整体布局，需要以全新的思路和方法加快推动自身改革，充分利用基础测绘技术和成果支撑自然资源管理，创新性地履行好《中华人民共和国测绘法》关于"为经济建设、国防建设、社会发展和生态保护服务"的职责要求。

2019年11月，自然资源部印发《全国基础测绘"十四五"规划编制指南》，要求各省、自治区、直辖市按照陆昊部长关于"要有战略性，要务实，可行性分析要深入，技术、经济两者统一"的批示要求，深入开展重大问题研究，为科学编制基础测绘"十四五"规划奠定基础。2020年9月，广西壮族自治区自然资源厅办公室印发《广西市县基础测绘"十四五"规划编制导则》，明确市县基础测绘"十四五"规划是本行政区域发展规划体系中的重要专项规划，是"十四五"开展基础测绘工作及重大基础测绘项目的基本依据；要求全区设区市和县原则上都要编制规划，由本级自然资源部门负责组织编制。同期，各级党委、政府印发"十四五"规划编制工作方案，明确基础测绘"十四五"规划作为本级专项规划进行编制，由本级自然资源部门负责组织编制。

随着我国信息化建设进程的不断加快，一方面，传统基础测绘内涵不够丰富、产品不够多样、服务不够宽泛、生产体系不够完善等不合理、不适应的短板日益凸显，基于传统测绘技术体系下的基础测绘成果更新速度已难以满足经济社会发展的实际需要；另一方面，随着测绘地理信息3S技术［遥感技术（remote sensing，RS）、地理信息系统（geography information systems，GIS）和全球定位系统（global positioning systems，GPS）的统称］与互联网、物联网、云计算、人工智能等新技术的跨界融合，从数据采集、处理、分析到面向用户的"地理信息＋专题"多元化应用服务，正朝着自动化、智能化、网络化和实时化的方向快速发展。科技发展推动测绘技术体系的升级换代，已突破了一些核心技术瓶颈，催生了一批新业态。当前我国经济社会发展背景下，亟须加快建立适应新时代要求的新型基础测绘技术体系，提升基础测绘保障服务能力和水平，全面实现基础测绘成果形式与内涵、基础测绘生产组织方式与服务模式、测绘行业管理政策机制的创新发展。

"十四五"时期是我国加快建立新型基础测绘技术体系的关键时期。《全国基础测绘"十四五"规划编制指南》提出，要在基础测绘"十四五"规划编制工作中，研究探索适应新技术要求的基础测绘生产服务模式，研究确立适应新体制要求的基础测绘管理模式，强化市县级基础测绘的职责和任务。

在此基础上，要理清发展思路，明确发展重点，确立发展任务，遴选重大项目，明确重大政策，科学编制规划文本，为基础测绘的"十四五"期间乃至到2035年的发展提供基本遵循。

《广西市县基础测绘"十四五"规划编制导则》明确，各市县应根据本地区"十四五"期间的国民经济建设和社会发展规划目标要求，研究确立本地区"十四五"期间的基础测绘实施主要任务和目标要求；规划文本编写一般应包括本地区基础测绘的基本情况以及"十四五"期间面临的形势、指导思想、基本原则、发展目标、主要任务、重点项目、保障措施等内容，其中的主要任务包括测绘基准建设与维护、基础航空摄影和遥感影像获取、基本比例尺地形图测制与更新、基础地理信息数据库和系统建设与维护、实景三维测绘、新型基础测绘体系建设。

市县级基础测绘"十四五"规划是在充分开展区内外基础测绘规划编制需求调研的基础上，结合经济社会发展对新型基础测绘成果的实际需求进行规划文本编制和重大专题研究。规划文本明确了新型基础测绘技术体系建设背景下的现代测绘基准体系、基础地理信息数据动态更新与建库、多元化基础测绘成果建设与推广应用、基础测绘行政管理与保障服务能力建设、新型基础测绘体系建设等多个重点发展方向，研究制定了适合市县级基础测绘发展的重点工程建设内容。市县级基础测绘"十四五"规划编制成果对指导本级政府开展未来五年的基础测绘工作，全面提升基础测绘保障能力和服务水平，推进测绘地理信息事业转型升级具有重要意义。

为了更好地指导各市县开展基础测绘"十四五"规划编制工作，我们结合前期开展的多个市县级基础测绘"十四五"规划编制所取得的研究成果和积累的实践经验，组织编写了本书，以期为其他市县编制基础测绘"十四五"规划提供有益参考。

本书正文分为八章。第一、第二章为防城港市和平南县的基础测绘"十四五"规划编制成果，包括第一章"防城港市基础测绘'十四五'规划"、第二章"平南县基础测绘'十四五'规划"。

第三至第六章为新型基础测绘技术体系建设背景下开展的多个重大专题研究所取得的成果，包括第三章"现代测绘基准体系建设"、第四章"航空航天遥感测绘体系建设"、第五章"基础地理信息'一张图'建设"、第六章"新型基础测绘体系建设"。这四章的编写以防城港市、平南县的重大专题研究成果为基础。

第七、第八章为平南县基础测绘"十四五"规划编制过程中涉及的管理性文件，包括第七章"平南县基础测绘'十四五'规划编制工作方案"、第八章"平南县基础测绘'十四五'规划需求调研报告"。

本书还在附录中收录了有关市县级基础测绘"十四五"规划编制的指导性文件，编者们承担完成且通过政府常务会议审议的规划编制成果批复文件，本书常见缩略词，以及防城港市基础测绘"十四五"规划附图。

本书的编写团队由一批长期从事基础测绘生产和测绘地理信息行政管理的科技工作者组成，他们都是新型基础测绘技术体系建设和推广应用的具体参与者，同时具有参与自治区、市、县三级基础测绘规划编制的工作经验。在本书编写过程中，编者们充分结合了实际生产经验和市县级基础测绘"十四五"规划编制所取得的研究成果，还查阅了大量的国内外有关期刊和文献。同时，本书的出版得到了国家自然科学基金（42164001）建设经费的资助。在本书编写的过程中，得到了区内外很多同行专家学者的帮助，他们提供了许多宝贵的意见和建议，在此一并致以衷心的感谢。

由于学术水平有限，加之时间仓促，书中疏漏之处在所难免，恳请读者批评指正。

编　者

2022 年 5 月

目 录

第三章　现代测绘基准体系建设

 第四章　航空航天遥感测绘体系建设

 第五章　基础地理信息"一张图"建设

第六章　新型基础测绘体系建设

 第七章　平南县基础测绘"十四五"规划编制工作方案

 第八章　平南县基础测绘"十四五"规划需求调研报告

附 录

第一章

防城港市基础测绘

『十四五』规划

　　基础测绘是为经济建设、国防建设和社会发展提供测绘地理信息服务的基础性、公益性事业，是经济社会可持续发展的重要支撑。加快发展基础测绘，形成新型基础测绘体系，全面提升测绘地理信息应用与服务水平，对经济社会发展、智慧城市建设、生态文明建设和国家安全建设等具有重要意义。

　　依据《中华人民共和国测绘法》《基础测绘条例》《广西壮族自治区测绘管理条例》等相关法律法规，结合《全国基础测绘中长期规划纲要（2015—2030年)》《广西壮族自治区基础测绘"十四五"规划》《广西市县基础测绘"十四五"规划编制导则》和《防城港市"十四五"规划纲要》等相关文件精神，在全面总结防城港市"十三五"基础测绘发展现状、分析防城港市"十四五"期间经济社会发展对基础测绘服务需求的基础上，面向防城港市"十四五"期间基础测绘和测绘地理信息事业发展的需求，编制本规划。

　　本规划提出了防城港市"十四五"期间基础测绘的发展目标、主要任务，明确了测绘基准建设与维护工程、基础地理信息获取与更新工程、基础地理信息综合服务平台建设工程、基础测绘行政管理与保障服务能力建设工程等重点工程建设内容，是指导"十四五"期间防城港市基础测绘工作开展的方向性、纲领性文件，对全面提升防城港市基础测绘保障能力和服务水平具有十分重要的意义。

一、总则

（一）背景与目的

　　"十四五"时期是我国全面建成小康社会、实现第一个百年奋斗目标之后，乘势而上开启全面建设社会主义现代化国家新征程、向第二个百年奋斗目标进军的第一个五年；是解放思想、改革创新、扩大开放、担当实干，奋力开启建设壮美广西、共圆复兴梦想新征程的重要时期；是加快推进防城港市生态文明建设和经济社会高质量发展的攻坚期。同时，"十四五"时期也是基础测绘全面融入自然资源整体布局，更好履行"为经济建设、国防建设、社会发展和生态保护服务"职责的第一个五年规划时期。科学编制防城港市基础测绘"十四五"规划，对于明确新体制环境下的基础测绘新功能、新定位，谋划基础测绘新任务、新举措，指导"十四五"期间各项基础测绘工作开展实施，具有重要意义。

为进一步加强基础测绘工作，谋划改革、找准定位、布局发展、促进转型，全面提升基础测绘服务自然资源"两统一"职责的能力和水平，更好地满足防城港市经济社会发展各领域、各方面对基础测绘成果服务的需求，根据《中华人民共和国测绘法》《基础测绘条例》《广西壮族自治区测绘管理条例》《广西市县基础测绘"十四五"规划编制导则》等法律法规及相关文件精神，结合防城港市实际，制定本规划。

（二）编制依据

《中华人民共和国测绘法》（2017年7月1日起施行），《基础测绘条例》（2009年8月1日起施行），《全国基础测绘中长期规划纲要（2015—2030年）》（国函〔2015〕92号文件批复），《全国基础测绘"十四五"规划编制指南》（自然资办函〔2019〕1914号文件附件），《广西壮族自治区测绘管理条例》（2019年10月1日起施行），《广西壮族自治区基础测绘"十四五"规划编制工作方案》（桂自然资办发〔2020〕230号文件附件），《广西壮族自治区基础测绘"十四五"规划》，《广西市县基础测绘"十四五"规划编制导则》（桂自然资办〔2020〕379号文件附件），《防城港市国民经济和社会发展第十四个五年规划和二〇三五年远景目标纲要》（防政发〔2021〕12号文件附件），《防城港市"十四五"规划编制工作方案》（防政办发〔2020〕14号文件附件），《防城港市"十四五"规划纲要》，《防城港市基础测绘"十四五"规划编制工作方案》，以及基础测绘管理相关政策等。

（三）规划范围

规划范围为防城港市本级，合计规划总面积为2836.8平方千米。防城港市本级下辖港口区有4个街道办事处、2个乡镇，即白沙万街道办事处、渔洲坪街道办事处、沙潭江街道办事处、王府街道办事处、企沙镇、光坡镇，涉及面积409.8平方千米；防城区有3个街道办事处、10个乡镇，即水营街道办事处、珠河街道办事处、文昌街道办事处、大菉镇、华石镇、那梭镇、那良镇、峒中镇、茅岭镇、江山镇、扶隆镇、十万山瑶族乡、滩营乡，涉及面积2427平方千米。

（四）规划期限

基期年设定为2020年，目标年为2025年，展望到2035年。

二、现状与形势

（一）"十三五"规划实施成效和存在问题

1. 基础测绘工作取得的成效

"十三五"期间防城港市基础测绘工作顺利开展，基础测绘管理体制机制不断完善，测绘基准体系建设逐步完善，基础地理信息数据生产与更新能力进一步加强，基础地理信息成果应用服务不断拓展，基础测绘服务保障能力得到了提升，在促进全市经济转型升级、区域融合发展、智慧城市建设、公共服务能力提升等方面发挥了重要作用。

（1）基础测绘管理体制机制建设。2019年初，按照新一轮机构改革工作方案要求，防城港市自然资源局成立地理信息与测绘科，负责本行政区域测绘地理信息工作的统一监督管理，进一步明确了机构改革后自然资源管理对基础测绘的新定位，生态文明建设和经济高质量发展对基础测绘的新要求。

"十三五"期间，防城港市自然资源局平稳承接自治区测绘地理信息局下放的丙、丁级测绘资质初审工作，严格把好测绘资质初审环节。全力做好涉密基础测绘成果资料领用审批工作，规范行政审批程序、流程，在源头上保证发出去的涉密测绘成果去向安全。定期开展年度测绘资质巡查、保密检查及地图市场检查，会同防城港市人民政府办公室电子政务科、防城港市国家安全局、防城港市国家保密局、防城港市工商行政管理局、防城港市文体广电新闻出版局等有关部门开展辖区涉密测绘成果保密检查、"问题地图"排查、地图市场监督检查，五年内未发生失密、泄密事件。加大对辖区测绘地理信息成果的汇交、管理、共享和监督力度。积极组织开展测绘法律法规宣传，提高群众对测绘法及国家版图作用、意义的认识，促进测绘成果与民共享，提高民众对测绘地理信息事业的关注和支持。

（2）测绘基准体系建设。"十一五""十二五"期间，自治区测绘地理信息局（"十一五"期间为自治区测绘局）在防城港市红树林保护区（JZ06）、扶隆镇（JZ37）和上思县城（JZ36）建立了3个连续运行（卫星定位服务）参考站（Continuously Operating Reference Stations，CORS）/基准站。"十三五"期间，防城港市国土资源勘测规划院在港口区（JZ38）采用天宝（NETR9）基准站设备建立了1个楼顶站，采用单基准站方式提供实时动态载波相位差分技术（Real-time kinematic，RTK）服务。2008—2016年防城港市行政区域范围内CORS基准站点基本情况如表1-1所示。

"十三五"期间，防城港市测绘地理信息主管部门尚未开展厘米级精度局部区域似大地水准面精化建设，尚未构建防城港市现代大地测量基准框架。

表1-1 2008—2016年防城港市行政区域范围内CORS基准站点基本情况

序号	基准站名称	类别	基准站位置	建设年度	是否属市本级站点
1	JZ06	广西CORS基准站点	防城港市红树林保护区	2008	是
2	JZ36	广西CORS基准站点	防城港市上思县城	2011	否
3	JZ37	广西CORS基准站点	防城港市扶隆镇	2011	是
4	JZ38	防城港国土站点	防城港市港口区	2016	是

"十五""十一五"期间，自治区测绘局在防城港市本级范围布设了3个B级GPS控制点、11个C级GPS控制点、19个广西北部湾多功能D级GPS控制点。2017年，防城港市国土资源局组织开展防城港市基础测绘（平面控制网和高程控制网布设）项目建设，建成了由97个新建控制点组成的D级全球导航卫星系统（Global Navigation Satellite System，GNSS）控制网、22个新建水准点组成的三等水准路线。另外，"十五"以前，自治区测绘局在防城港市本级范围布设了Ⅰ白龙尾验潮站支线、Ⅰ龙门验潮站支线、Ⅱ上防线、Ⅱ钦防线、Ⅲ钦东线。"十二五"期间，国家测绘地理信息局组织"国家现代测绘基准体系基础设施建设一期工程"施测，对防城港市本级范围的Ⅰ白龙尾验潮站支线、Ⅰ龙门验潮站支线进行了复测；同时，新施测的Ⅰ崇廉线经过了防城港市本级行政区域。

分批实施2000国家大地坐标系（China Geodetic Coordinate System 2000，CGCS2000）成果推广应用，初步建立防城港市测绘基准服务平台，实现坐标转换、高斯投影转换和控制点查询功能。截至2018年7月底，辖区的国土、规划等主要行业单位全面完成了已有旧坐标系成果转换CGCS2000工作。

定期组织开展测量标志巡查工作，积极配合自治区测绘局维护和监管所属区域的测量标志，根据用户需求进行基础测绘成果申请领用审核，为防城港市社会经济建设提供测绘基准成果服务保障。"十三五"期间，防城港市自然资源局组织开展卫星导航定位基准站建设备案工作和卫星导航定位基准站安全专项整治行动，确保防城港市辖区CORS基准站和卫星数据安全。

（3）基础地理信息数据生产与更新。"十三五"期间，防城港市完成了"数字防城港"地理空间框架项目建设，完成了城市正射影像图（Digital Orthophoto Map，DOM）、数字线划地图（Digital Line Graphic，DLG）和数字高程模型（Digital Elevation Model，DEM）的生产与更新，覆盖防城港市本级范围。防城港市基础地理信息数据现状详情见表1-2。

表1-2　防城港市基础地理信息数据现状

数据名称	比例尺	现势性（年）	面积（平方千米）	详细情况
DLG数据	1：500	2010	44.96	2010年，在1954北京坐标系下完成了44.96平方千米1：500比例尺的防城港市城镇地籍调查项目
		2015	72.92	2015年，在CGCS 2000、1985国家高程基准下生产了防城港市数字城市地理空间框架建设项目的市建成区范围72.92平方千米的1：500比例尺地形图
	1：1000	2009	44.12	2009年，在1980西安坐标系下完成了44.12平方千米1：1000比例尺的企沙工业园DLG测绘项目
		2010	12.27	2010年，在1980西安坐标系下完成了12.27平方千米1：1000比例尺的西湾西岸DLG测绘项目
	1：2000	2015	102.92	2015年，在CGCS 2000、1985国家高程基准下生产了防城港市数字城市地理空间框架建设项目的市建成区范围102.92平方千米的1：2000比例尺地形图
	1：10000	2015	2822.00	2015年，在CGCS 2000、1985国家高程基准下生产了防城港市数字城市地理空间框架建设项目的防城区、港口区2822平方千米的1：10000比例尺地形图
	1：250000	2015	6238.00	2015年，在CGCS 2000、1985国家高程基准下生产了防城港市数字城市地理空间框架建设项目的防城港市行政辖区6238平方千米的1：250000比例尺地形图
DOM数据	1：1000	2019	95.29	2019年，在1980西安坐标系下完成了95.29平方千米1：1000比例尺的江山半岛航拍测量项目
	1：2000	2015	1200.00	2015年，在CGCS 2000、1985国家高程基准下生产了防城港市数字城市地理空间框架建设项目的防城港市重点建设区域1200平方千米的1：2000比例尺DOM
	1：10000	2015	2822.00	2015年，在CGCS 2000、1985国家高程基准下生产了防城港市数字城市地理空间框架建设项目的防城区、港口区2822平方千米的1：10000比例尺DOM
		2016—2019	全市	2016—2019年，土地变更调查项目，自治区自然资源厅（2018年3月前为自治区国土资源厅）下发防城港全市的遥感监测图斑
		2016	全市	2016年，农村土地承包经营权确权登记项目，自治区国土资源厅下发农村土地承包经营权确权航空摄影成果
		2018	市本级	2018年，第三次全国国土调查项目，自治区国土资源厅下发防城港市本级卫星遥感影像

续表

数据名称	比例尺	现势性（年）	面积（平方千米）	详细情况
DEM数据	1：2000	2015	124.00	2015年，在CGCS 2000、1985国家高程基准下生产了防城港市数字城市地理空间框架建设项目的市建成区范围124平方千米的1：2000比例尺DEM
	1：10000	2015	2822.00	2015年，在CGCS 2000、1985国家高程基准下生产了防城港市数字城市地理空间框架建设项目的防城区、港口区2822平方千米的1：10000比例尺DEM
	1：250000	2015	6238.00	2015年，在CGCS 2000、1985国家高程基准下生产了防城港市数字城市地理空间框架建设项目的防城港市行政辖区6238平方千米的1：250000比例尺DEM
地名地址数据	地名数据	2015		2015年，在CGCS 2000、1985国家高程基准下完成了防城港市数字城市地理空间框架建设项目的防城港市1：10000地名数据整合10044条，完成了防城港市主建成区兴趣点采集6249条

全面建成"数字防城港"地理空间框架，完成与国家、自治区两级数据融合和公共服务平台互联互通；完成"天地图·防城港"市级节点数据生产，并接入国家主节点；逐年加大"数字防城港"地理空间框架项目后续建设力度，更新完善基础地理信息数据库建设。2020年7月初，提交"天地图·防城港"融合市级数据，范围包括市行政区域数据（县级、乡镇级、村级）、基础设施及城市道路（中心城区），数据成果已汇交成功。

组织开展年度土地变更调查、农垦国有土地使用权确权登记发证、防城港市第三次国土调查等。

（4）基础测绘服务保障能力建设。"十三五"期间，防城港市基础测绘服务保障能力得到进一步加强，测绘队伍规模和技术力量得到大幅提升，测绘地理信息中介服务机构在实践中不断发展壮大。2022年，市本级共有测绘资质持证单位22家（包括乙级3家、丙级13家、丁级6家），能够满足防城港市经济建设和社会发展对测绘地理信息成果本地化服务的需求。

"十三五"期间，防城港市生产与更新的系列比例尺、多类型基础地理信息数据能较好地服务市委、市政府中心工作，先后为国土空间总体规划、城市管理和公共安全、国土（自然）资源业务管理、交通与水利建设、农村土地承包经营权确权、防城港市第三次国土调查、国土空间规划、不动产登记发证等重大工作的实施提供及时适用的测绘成果保障服务。

"数字防城港"公共服务平台和公众服务平台广泛应用，开发和编制了系列政务管理系统、领导工作用图、专题电子地图，有力支撑各级政府部门电子政务的业务协同，进一步提升了防城港市测绘地理信息公共服务水平。"防城港市测绘成果分发管理系统""防城港市旅游信息系统"重点应用推广项目实施，进一步拓展了"数字防城港"公共平台应用服务的深度和广度，同时也为"智慧防城港"建设提供了基础地理空间框架数据保障服务。

2. 存在问题

（1）现代测绘基准体系建设有待完善。随着现代测绘新技术的快速发展，防城港市现行测绘基准体系建设与更新已滞后于现代测绘技术发展步伐。"十三五"期间，防城港市统一使用 CGCS2000，但在 2000 国家大地控制网建设投入力度上已滞后于社会经济建设的需求。辖区内已建的北斗卫星导航系统（BeiDou Navigation Satellite System，BDS）基准站分布不均匀，尚未实现市本级范围基准站统一管理、应用服务和运行维护。随着防城港市经济建设快速发展、道路工程组织实施，全市测绘基准基础设施存在一定程度的破坏，制约了防城港市测绘基准体系的社会服务功能。

"十四五"期间，亟须加大现代测绘基准体系建设投入力度，建成空间分布合理、实时和事后高精度、三维大地测量控制网（"一张网"），以满足社会经济建设对大地测量基准成果的需求。

（2）基础地理信息数据获取与更新能力不足。"十三五"期间，全市基础地理信息数据获取与更新投入不够。1∶500、1∶1000、1∶2000 比例尺地形图数据更新缓慢，覆盖范围小，现势性不强，缺乏计划性生产。现有高分辨率遥感影像数据主要依靠上级下发或专项工作获取，尚不具备自主、定期遥感影像数据获取与更新能力。基础地理信息数据获取与更新技术落后，测绘科技研发和人才储备不足，地理信息数据获取与更新基础设施薄弱，削弱了基础地理信息成果社会化服务能力。

"十四五"期间，亟须建立基础地理信息数据动态更新机制，加大基础测绘财政投入，建成覆盖全市域的基础地理信息数据"一张图"，更好地支撑新型城镇化和全市经济建设快速发展的需求。

（3）基础测绘成果应用广度和深度不够。基础测绘成果大部分属于国家秘密，采用统一技术标准生产，以 4D 产品形式申请领用，主要用于政府、企业的专业生产应用，为被动式分发服务。成果涉密且承载专题内容相对单一，导致大量基础地理信息数据没有得到深层次的开发应用，难以满足政府、企业和大众对基础测绘成果的多元化需求，降低了基础测绘成果应用服务的广度和深度。"数字防城港"地理空间框架成果应用推广力度不够，基础测绘成果共享机制尚未建立，导致基础地理信息数据重复采集、管理困难、利用率低下。

"十四五"期间，亟须在"天地图·防城港"地理信息公共服务平台的基础上完成基础地理信息综合服务平台的建设（"一平台"），加强平台与各行业、各部门专题信息数据的深度融合与应用服务。

（4）基础测绘经费投入机制尚需完善。市级基础测绘经费投入有限，基础测绘财政投入保障机制有待完善，年度基础测绘计划项目实施滞后。"十三五"期间基础测绘投入有限，导致防城港市基础地理信息数据获取、更新、应用服务能力下降，难以满足社会经济建设的需要，亟须建立基础测绘经费投入长效机制。

（5）缺乏高素质复合型技术人才。现代测绘技术与互联网、物联网、云计算、人工智能等技术的跨界融合，预示着测绘地理信息产业拥抱互联网、物联网、云计算、人工智能时代的到来。面对现代测绘新技术的发展，从业人员不仅需要有很强的测绘地理信息背景和专业知识，而且需要有云计算、人工智能等新技术的背景知识。

目前，防城港市自然资源系统测绘专业技术人员主要集中在防城港市国土资源勘测规划院（防城港市国土资源信息中心），该队伍的人才专业结构情况如表1-3所示，人才职称结构情况如表1-4所示。

表1-3　防城港市自然资源系统测绘专业队伍人才专业结构

专业类别	人数（人）
测绘工程专业	17
土地资源管理专业	8
地理信息系统专业	2
地理信息科学专业	1
其他相关专业	7
其他不相关专业	56

表1-4　防城港市自然资源系统测绘专业队伍人才职称结构

职称级别	人数（人）
高级工程师	4
工程师	10
助理工程师	17

防城港市自然资源系统测绘专业队伍人才结构不够合理，缺乏高级人才，特别是缺少掌握云计算、人工智能等新技术的复合型人才。虽然现有的专业技术队伍能基本满足现有的测绘任务需求，但是离信息化，尤其是通往"智慧化"的技术需求仍

存在一定的差距。随着下一步新型基础测绘体系建设的开展，"智慧城市"等一系列高新技术项目的实施，现有的人才体系已难以满足未来的发展需求，亟须建立健全人才培养与引进体制机制。

（二）"十四五"时期基础测绘发展趋势

自然资源部组建以来，基础测绘站在了新的历史起点，被赋予了新的使命：支撑自然资源管理，服务生态文明建设；支撑各行业需求，服务经济社会发展；全面融入自然资源大格局，融入生态文明建设主战场，努力为履行自然资源"统一行使全民所有自然资源资产所有者职责，统一行使所有国土空间用途管制和生态保护修复职责"提供有力的支撑和保障。

1. 基础测绘科技创新应用

"十四五"期间，我国将全面进入信息化测绘技术体系时期，测绘科技创新发展日新月异。随着北斗卫星导航系统（BDS）、航天航空遥感（RS）、地理信息系统（GIS）与互联网、物联网、云计算、人工智能等新技术的跨界融合，将实现基于航天、航空、地面、海上、水下多平台、多传感器的实时分布式多源地理空间信息动态获取。从地理空间信息数据采集、处理、分析到面向用户的"地理信息＋专题"多元化应用服务，全过程实现自动化、智能化、网络化和实时化。

本阶段将逐步实现测绘基准现代化、数据获取实时化、数据处理自动化、数据管理智能化、信息服务网络化、信息应用社会化、业务管理信息化。测绘地理信息数据的社会化应用实现安全和利益最大化共享，将成为测绘地理信息事业发展的新挑战。面向信息化、智能化测绘体系建设和共享应用需求，制定涵盖地理空间信息数据采集、加工、存储、分发、应用和服务全链条的标准体系是当前测绘科技创新研究的重点。测绘科技创新发展对防城港市测绘地理信息产业发展而言，既是机遇又是挑战。

2. 基础测绘产品多元化发展

测绘地理信息产业作为新型服务业态，已成为当前数字经济、信息消费、"互联网＋"背景下的新兴产业热点。政府、企业和公众对精细化、个性化地理信息服务的需求，必然促进地理信息成果服务的多元化，推动传统基础测绘向新型基础测绘转型升级。

测绘地理信息新技术融合以及成果服务多元化需求，促使基础测绘产品从地理要素分类信息服务到地理实体信息服务、从二维静态地图表达到三维动态地理场景表达、从空间定位数据到空间地理信息、从重生产向重服务的多元化转变。由提供传统大地测量控制点成果，转变为按需提供实时、高精度、三维大地测量基准传递技术服务；由提供系列比例尺地形图模拟产品或 4D 数字化产品，转变为面向用户需求、基于地理实体空间信息与专题信息高度融合的"一站式"综合信息服务。社会大众对基础测绘成果服务需求的多元化，为基础测绘和地理信息产业的持续发展提供了新的机遇。

3. 基础测绘服务模式创新发展

随着测绘地理信息技术快速发展，基础测绘逐步实现"互联网＋地理信息"的创新服务。基础测绘成果服务模式由传统被动式的"窗口领用"服务向主动式的"窗口＋网络化服务"模式转变，逐步形成以基础测绘、数字城市地理空间框架、航空航天遥感和地理信息资源为主的"多元化公益服务＋市场化服务"格局。通过多源地理信息数据集成融合、专题应用快速构建、地理信息成果在线服务等技术，提供面向政府管理决策、企业生产运营、人民群众生活的主动式、增量式的地理信息综合服务，从而推进基础测绘与地理信息在经济增长、社会进步和国防建设中的深化应用。

三、总体要求

（一）指导思想

坚持以习近平新时代中国特色社会主义思想为指导，全面贯彻党的十九大和十九届历次全会精神，深入贯彻习近平总书记对广西及防城港市工作的系列重要指示精神，统筹推进"五位一体"总体布局，协调推进"四个全面"战略布局，立足新发展阶段，抢抓新发展机遇，贯彻新发展理念，融入新发展格局，准确把握自治区党委"加快发展、转型升级、全面提质"的发展目标，坚持稳中求进的工作总基调和高质量发展主题，紧紧围绕加快构建边海国际大通道、建设开放开发先行区、建成产业集群新高地、建好边疆民族地区共同富裕示范市的发展定位，奋力谱写新时代中国特色社会主义壮美广西防城港新篇章。

紧紧围绕新时代对基础测绘的新需求、机构改革后自然资源管理对基础测绘的新定位、生态文明建设和经济高质量发展对基础测绘的新要求，进一步健全基础测绘管理体制机制，构建现代化测绘基准体系，丰富基础地理信息数据库，推进基础地理信息数据深度开发和多元化公共服务，实现由生产型测绘向应用服务型测绘的转型升级。

（二）基本原则

1. 加强管理、统筹规划

进一步理顺防城港市基础测绘与地理信息管理机制，加强基础测绘规划协调、管理。大力推进跨部门、跨层级、跨行业的集约化测绘，统筹协调防城港市基础测绘年度计划组织实施，构建基础地理信息成果汇交与共享机制，更好地服务自然资源管理"两统一"职责。

2. 创新驱动、转型升级

科技创新是提升防城港市基础测绘核心供给能力、服务质量和服务效能的根本保障，坚持"科技兴测"和"人才强测"。要以科技创新为动力，大力促进现代信息新技术在基础地理信息数据获取、处理、分析方面的应用，加快新型基础测绘转型升级。基础测绘项目年度计划要在务实可行的基础上进行，技术要适度超前，体现科技创新对基础测绘行业的模式革新与效率提升。

3. 需求牵引、强化服务

把落实国家和地方任务要求、保障经济建设和社会民生发展作为基础测绘的出发点和落脚点，以需求为牵引，完善公共服务体系。大力推进测绘信息化建设，强化主动服务理念，重点保障基础设施建设、民生需求、应急测绘等重点项目建设。

4. 夯实基础、保障安全

加强测绘地理信息高精尖装备和资源的建设，提升基础地理信息采集、处理、传输、利用、安全和服务能力。正确处理基础地理信息公共服务与安全保障、开发利用与规范管理的关系，在保障基础地理信息安全的同时，促进其有效开发利用。

（三）发展目标

到 2025 年，进一步完善市级高效协调的基础测绘管理体制和运行机制；建成覆盖全域、基准统一、高精度、动态三维的现代测绘基准体系；构建覆盖全域、内容丰富、时效性强的基础地理信息数据库；持续维护更新"数字防城港"地理空间框架基础库，推进"天地图·防城港"公共服务平台深度服务政府、企事业单位、社会大众，建设基础地理信息综合服务平台；建立自然资源广西卫星应用技术中心防城港市分中心/防城港节点，初步形成防城港市卫星遥感应用技术体系；开展城市重点区域实景三维建模和地理实体数据采集试点工作，为"十四五"时期全市经济建设、国防建设和社会发展提供高效、适用的基础测绘服务保障。

到 2035 年，建立均匀分布的新一代测绘基准观测网，实现测绘基准与定时导航授时（Postioning Navigation and Timing，PNT）系统的统一与集成；建成基于"天空地"多源遥感技术的地理实体快速数据获取、更新生产流程和技术体系，实现"一个实体只测一次"的市、县分级负责、联动更新；搭建新型基础测绘生产方式、作业方法、多元化成果服务模式，全面实现从新型基础测绘体系向智能化测绘技术体系的转型升级。

四、主要任务

（一）测绘基准建设与维护

"十四五"期间，全面建成防城港市现代测绘基准体系，提供覆盖全域、基准统一、高精度、动态三维的大地测量基准成果服务。通过改造、扩建防城港市辖区CORS 基准站基础设施，建成由 11 座［含辖区及周边与广西北斗卫星定位综合服务系统（GXCORS）联网的 4 座］BDS 基准站和 1 个北斗数据处理中心组成的防城港市北斗卫星定位综合服务系统（FCGCORS），实现米级、分米级精度的实时导航服务和实时厘米级、后处理毫米级精度的高精度定位服务。开展厘米级精度的防城港市区域似大地水准面模型（FCGGEOID）精化计算，实现实时和事后的大地高转换正常高。

对辖区各等级 GNSS 控制网和水准路线定期开展测量标志巡查和维护管理，满足建成区、乡镇、行政村的经济社会建设、房地一体登记发证、国土空间规划等业务开展对高等级控制资料的需求。进一步推进 CGCS2000 在各行业部门的应用，为基础地理信息成果汇交、建库和共享机制建立奠定基础。定期组织开展辖区高等级永久性测量标志巡查、维护工作。

（二）基础航空摄影和遥感影像获取

开展航空航天遥感影像统筹获取能力建设，提升国产卫星高分辨率遥感影像、航空摄影测量、无人机倾斜摄影测量等遥感影像的快速获取能力，建成航空航天遥感应用技术体系。通过自然资源广西卫星应用技术中心防城港市分中心/防城港节点的建立，推进卫星遥感应用融入自然资源调查、监管、评估、决策等业务管理中，发挥卫星遥感多任务应用技术支撑服务能力。建成防城港市无人机遥感应用联合中队，提高无人机（搭载多传感器）快速数据获取、处理与多任务应用服务保障能力，同时履行快速联动应急测绘保障职责。

（三）测制与更新基础地理信息数据

统筹安排航空摄影测量，统一组织 1∶1000 比例尺 DOM 数据获取与生产，实现城市控制性详细规划、城镇开发边界、重点镇等重点区域每两年更新一次的总体目标。

对城市控制性详细规划、城镇开发边界等重点区域开展 1∶1000 比例尺 DLG 绘制与更新。

对中心城区等重点区域开展 1∶500 比例尺 DOM 绘制与更新。

（四）基础地理信息数据库和系统建设与维护

开展基础地理信息数据建库，建成包括多时空、多尺度的 DLG 数据库、DOM 数据库、DEM 数据库、三维实景、地名地址数据库等。持续推进"数字防城港"地理空间框架中的地理信息公共平台及应用示范建设，提高基础测绘成果多元化、大众化应用服务能力。开展地理实体时空数据库及基础地理信息综合服务平台建设研究，提高基础测绘服务自然资源管理和城市精细化治理公共服务能力。

（五）实景三维测绘

基于无人机倾斜摄影测量技术开展中心城区实景三维数据采集与快速更新，同步生成 1∶500 比例尺 DOM，开展实景三维影像数据建库，持续丰富测绘地理信息资源类型，提高基础测绘多元化成果应用服务能力，拓展服务应用领域。

（六）新型基础测绘体系建设

围绕新型基础测绘的生产方式、作业方法、数据成果和服务模式开展创新研究，探索"一个实体只测一次"的市县分级负责、联动更新的地理实体数据采集、应用服务新模式。

五、重点工程

根据 6 个主要任务建设目标，规划设计了测绘基准体系建设与维护工程、基础地理信息获取与维护更新工程、基础地理信息综合服务平台建设工程、基础测绘行政管理与保障服务能力建设工程等 4 个重点工程共计 14 个基础测绘建设项目，按项目建设需求的紧急程度分五年计划组织实施。防城港市基础测绘"十四五"规划重点工程分期建设项目名称、建设内容、建设依据和建设意义详见表 1-5。

（一）测绘基准体系建设与维护工程

1. FCGCORS 建设

通过整合、改造、扩建防城港市现有 CORS 基准站基础设施，升级改造防城港市国土资源勘测规划院已建基准站（JZ38）。新建 6 座 BDS 基准站，完成土建建设、防雷工程、电气工程建设、网络工程和坐标基准联测等工作。同时，将 GXCORS 的上思站（JZ36）、扶隆站（JZ37）、红树林站（JZ06）、桐棉站（JZ64）等 4 座基准站观测数据纳入防城港市 CORS 数据处理中心进行整体解算。

建成由 11 个 BDS 基准站（多模卫星定位）、1 个数据处理中心组成，与辖区及周边 GXCORS 基准站组网的 FCGCORS，实现基于网络 RTD 技术的实时米级、分米级精度导航服务和基于网络 RTK 技术的实时厘米级精度定位服务。

2. FCGGEOID 精化建设

开展防城港市 $1.5' \times 1.5'$ 分辨率、整体优于 ±3 厘米精度（平原地区优于 ±2 厘米，丘陵地区优于 ±4 厘米）的 FCGGEOID 精化计算，实现实时和事后的 GNSS 大地高转换正常高计算，满足四等及以下 GNSS 高程控制测量和 1：500 比例尺地形图碎部点 GNSS 高程测量精度要求。

3. 防城港市现代测绘基准框架运维与应用服务

FCGCORS + FCGGEOID 组成防城港市现代测绘基准框架。防城港市现代测绘基准框架建成后，要积极开展 FCGCORS + FCGGEOID 综合运营、维护和服务工作，包括 FCGCORS 设备运行维护、更新与共享应用服务，建设防城港市现代测绘基准管理与综合服务平台，进行通信网络维护与巡查等。通过不断增加网络 RTK 并发用户数量，全面提升 FCGCORS + FCGGEOID 的现代测绘基准综合服务能力，积极拓宽行业应用领域。

单位：万元

表1-5　防城港市基础测绘"十四五"规划重点工程、分期建设投资估算汇总表

重点工程名称	序号	分期建设项目名称	分期建设项目建设内容	计划总投资	资金来源	2021	2022	2023	2024	2025	建设依据及建设目的
测绘基准体系建设与维护工程	1	防城港市北斗卫星定位综合服务系统（FCGCORS）建设	整合、改造防城港市已有CORS基准站基础设施，新建6个BDS基准站，建成由11个BDS基准站（多模卫星定位）和1个北斗数据中心组成的、与GXCORS组网的FCGCORS，相邻点间平均距离约为20千米。	250	多渠道		250				（1）《中华人民共和国测绘法》第十八条："县级以上人民政府应当将基础测绘纳入本级国民经济和社会发展年度计划，将基础测绘工作所需经费列入本级政府预算。……县级以上地方人民政府发展改革主管部门会同本级测绘地理信息主管部门，根据规划编制本行政区域的基础测绘年度计划，并分别报上一级部门备案。" （2）《广西壮族自治区测绘管理条例》第四条："县级以上人民政府应当保障基础测绘工作经费，将基础测绘、地理国情监测、测绘地理信息基础设施的建设及其管理维护经费列入本级政府预算。"第八条："基础测绘实行分级管理制度。……设区的市、县级基础测绘区的市、县级基础测绘……"
	2	防城港市区域似大地水准面模型（FCGGEOID）精化建设	开展防城港市本级1.5′×1.5′分辨率、整体优于±3厘米精度（建成区及平原地区优于±2厘米，丘陵区域优于±4厘米）的FCGGEOID精化。	30	30		30				

续表

重点工程名称	序号	分期建设项目名称	分期建设项目建设内容	计划总投资	资金来源 多渠道	实施年度计划					建设依据及建设目的
						2021	2022	2023	2024	2025	
测绘基准体系建设与维护工程	3	防城港市现代测绘基准框架维护与应用服务	FCGCORS+FCGGEOID 组成防城港市现代测绘基准框架。开展FCGCORS+FCGGEOID 综合运营、维护和服务工作。除 4 个 GXCORS 基准站以及治区级维护、7 个市级基准站建立 7 条专线与 GXCORS 中心联网,需要建立 7 条专项带宽为 8M 的专线进行数据传输。另外,新等需要进行日常巡查、设备维护更新等工作。	150	150			50	50	50	(一)本行政区域内平面控制网、高程基础框架的加密、复测与维护;……第二款定位基础框架,第三款所称现代卫星导航定位基准站运行控制网、卫星大地测量控制网、区域似大地水准面精化模型等现代卫星大地测量基础设施。"(3)《广西市县基础测绘编制导则》。"十四五"规划发展措施。(4)为防城港市基础测绘信息数据生产提供统一、权威,实现各行业测绘成果和服务的共建共享。直接为城镇地籍、农村房地一体化登记发证提供基础测绘服务,避免因起算基准不统一而导致确权登记发证因起算空间拓扑矛盾等问题的出现。
	4	测量标志普查与保护	对防城港市辖区范围内的高等级控制点做好测量标志普查与保护工作,每年定期巡查与维护。	80	80		20	20	20	20	

续表

重点工程名称	序号	分期建设项目名称	分期建设项目建设内容	计划总投资	资金来源	2021	2022	2023	2024	2025	建设依据及建设目的
基础地理信息获取维护与更新工程	5	基础航空摄影和遥感影像获取能力建设	（1）建成自然资源广西卫星应用技术中心防城港市分中心。（2）整合防城港市行业单位无人机软件、硬件配套资源，建立防城港市无人机遥感应用联合中队，初步构建"天空地"一体化遥感数据获取、处理、入库与综合服务支撑平台。（3）基于防城港市分中心获取的卫星遥感数据资源，按年度、季度遥感补充获取防城港市本级优于2米、1米、0.5米分辨率光学影像以及高光谱、多光谱、雷达影像等多类型遥感影像数据。	450	多渠道	150		150		150	（1）《广西测绘管理条例》第四条"县级以上人民政府应当保障测绘工作经费，将基础测绘、地理国情监测、测绘地理信息基础设施的建设列入本级政府预算。"第八条"基础测绘实行分级管理制度。……设区的市、县级市县基础测绘管理实行本级政府预算。"（二）本行政区域内包括：1:500、1:1000、1:2000基本比例尺地图、影像图、数字化产品的测绘和更新。（2）《广西市县基础测绘导则》规划编制"十四五"规划。
	6	1:1000比例尺DOM数据生产	采用大飞机或无人机组织防城港市本级、1:1000比例尺DOM生产，实现城市精细规划、重点城镇等区域（约1800平方千米）每两年更新一次的1:1000比例尺DOM生产目标。	450	多渠道		225		225		
	7	1:1000比例尺DLG数据生产与更新	基于已获取的高精度0.1米分辨率的DOM开展防城港市控制性详细规划、城市开发边界等重点区域（约550平方千米）1:1000比例尺DLG数据绘制与更新。	1650	多渠道			780		870	

续表

重点工程名称	序号	分期建设项目名称	分期建设项目建设内容	计划总投资	资金来源	2021	2022	2023	2024	2025	建设依据及建设目的
基础地理信息获取与维护更新工程	8	实景三维数据及1:500比例尺DOM数据生产	综合利用倾斜摄影测量技术、激光LiDAR技术，开展防城港市中心城区（约260平方千米）的高精度实景三维数据生产，并同步生成1:500比例尺DOM。	520	多渠道 520		180	80	100	160	（3）满足自然资源确权、国土空间规划、生态保护修复、土地变更调查、专题监测、交通、农业、林业、住建、水利等部门对基础地理信息数据的需求，为"数字防城港"地理空间最新的数据源、为新型基础测绘体系试点建设提供基础测绘实体生产数据源。 （4）《广西测绘管理条例》第九条："基础测绘成果实行定期更新制度。……设区的市、县级基础测绘成果的更新周期不超过两年，其中城市更新周期不超过一年，行政区划、道路等核心要素应当及时更新。"
	9	基础地理信息数据库建库、数据库动态更新与数据库管理系统建设	（1）对年度生产的测绘基准建设成果、多尺度多时相航天航空遥感影像数据、DOM和DLG等基础地理信息数据进行检查入库。（2）研究基于已有基础地理信息数据库开展实体化建设方案，开展现有基础地理信息数据向地理实体数据转换关键技术研究，实现1:1000比例尺DLG数据的实体化生产。（3）基于"数字防城港"地理空间框架建设数据库管理系统、建设二三维一体化的数据库动态更新与管理系统，实现对多源基础地理信息数据的集中存储与统一管理和动态更新。（4）硬件设备包括涉密网络采购应用服务器2台，应用服务器1台，存储服务器1台，外加机柜和交换机、网络改造网络存储服务器2台，等。	480	480		240	200	20	20	

续表

重点工程名称	序号	分期建设项目名称	分期建设项目建设内容	计划总投资	资金来源	实施年度计划					建设依据及建设目的
						2021	2022	2023	2024	2025	
基础地理信息综合服务平台建设工程	10	基础地理信息综合服务平台建设	基于防城港市本级基础地理信息数据库，在"数字防城港"地理信息公共服务平台的基础上优化，建设防城港市基础地理信息综合服务平台，实现专业和政务级别的二三维共享服务。	200	多渠道				200		（1）《中华人民共和国测绘法》第四十条："县级以上人民政府测绘地理信息主管部门应当及时获取、处理、更新基础地理信息数据，通过基础地理信息公共服务平台向社会提供地理信息公共服务，实现地理信息数据开放共享。" （2）《广西测绘管理条例》第二十四条："县级以上人民政府及其他测绘地理信息主管部门，应当加强地理空间信息和其他有关信息的建设和管理，及时更新地理信息数据，提高地理信息服务能力和水平。" （3）《广西壮族自治区基础测绘"十四五"规划编制导则》。 （4）进一步提升公共服务平台，建设"智慧防城港"的保障地理信息数据多元化，提升基础测绘成果支撑服务能力，大众化基础应用服务能力。
	11	"天地图·防城港"公众服务平台更新与推广应用	提升"天地图·防城港"节点数据的现势性，提升"天地图·防城港"公众服务平台成果多元化，大众化应用服务能力，每年完成1～2个行业应用示范项目建设。	150	150	30	30	30	30	30	
	12	公共地图产品制作	编制防城港市、县（市）区域标准地理底图数据、政务工作用图（影像挂图等图种）。	50	50	10	10	10	10	10	

续表

重点工程名称	序号	分期建设项目名称	分期建设项目建设内容	计划总投资	资金来源	实施年度计划					建设依据及建设目的
						2021	2022	2023	2024	2025	
基础测绘行政管理与服务保障能力建设工程	13	基础测绘行政管理能力建设	（1）加强年度资质巡查、质量检查、地图市场检查、测绘生产安全检查工作，建立五项检查每年开展两次的巡检制度。（2）加强地理信息成果保密培训，提高大众和从业者测绘成果地理信息合法使用和保密意识。	100	多渠道	20	20	20	20	20	（1）《中华人民共和国测绘法》第四条："国务院测绘地理信息主管部门负责全国测绘地理信息工作其他有关部门按照国务院规定的职责分工，负责本部门测绘地理信息工作。县级以上地方人民政府测绘地理信息主管部门统一监督管理本行政区域测绘地理信息工作。县级以上地方人民政府其他有关部门按照本级人民政府规定的职责分工，负责有关测绘工作。"（2）《广西测绘管理条例》第四条："县级以上人民政府应当加强对测绘工作的领导，鼓励测绘科学技术的创新和进步，加强基础测绘管理，促进测绘地理信息应用，推进测绘地理信息融合，推动军民地理信息资源共享，维护国家安全和利益。县级以上人民政府应当保障测绘工作经费，安

续表

重点工程名称	序号	分期建设项目名称	分期建设项目建设内容	计划总投资	资金来源	实施年度计划					建设依据及建设目的
					多渠道	2021	2022	2023	2024	2025	
基础测绘行政管理与服务保障能力建设工程	14	基础测绘成果汇交、整理、共享服务能力建设	进一步完善《防城港市基础测绘成果汇交与共享服务管理办法》，明确基础测绘成果汇交共享服务范围、管理职责和共享服务权利与义务。	50	50	10	10	10	10	10	将基础测绘、地理国情监测、测绘地理信息基础设施的建设及其管理维护经费列入本级政府预算。" （3）提升基础测绘行政管理能力，确保基础测绘成果管理和使用安全。 （4）实现汇交成果的快速建档、入库和网上查询与提供服务，提高基础测绘成果利用效率，避免财政的重复投入。
合计				4610	4610	220	1015	1350	685	1340	

4. 测量标志巡查与维护

定期开展测量标志巡查与维护，对防城港市本级范围内的高等级控制点做好测量标志巡查与保护工作，对遭受破坏的测量标志进行修复和联测。

（二）基础地理信息获取与维护更新工程

1. 基础航空摄影和卫星遥感影像获取能力建设

积极争取自治区自然资源厅支持，建成自然资源广西卫星应用技术中心防城港市分中心。整合防城港市行业单位无人机软件、硬件资源，建立防城港市无人机遥感应用联合中队。初步构建"天空地"一体化遥感数据获取、处理、入库与综合服务支持平台。实现防城港市本级 0.5 米分辨率的卫星遥感影像数据每年更新一次，1 米分辨率的卫星遥感影像数据每半年更新一次，2 米分辨率的卫星遥感影像数据每季度更新一次。补充防城港市本级多分辨率的高光谱、多光谱、雷达影像等多类型遥感影像数据，全面提升防城港市基础地理信息快速更新与多任务应用服务保障能力。

2. 实景三维数据生产

综合利用倾斜摄影测量技术、激光 LiDAR 技术，依托防城港市无人机遥感应用联合中队及社会力量，在防城港市建成区已有实景三维数据（面积约 100 平方千米）的基础上，开展防城港市城市重点发展区域（面积约 260 平方千米）高精度实景三维数据生产，逐步实现城市重点发展区域的实景三维数据全覆盖。防城港市实景三维数据生产规划年度计划如表 1-6 所示。

表 1-6　防城港市实景三维数据生产规划年度计划

年度	面积	范围说明
2022	约 90 平方千米	主要为河西片区、城东片区、防城区旧城片区、医学创新科技产业园、九龙湖科技生态产业园
2023	约 40 平方千米	主要为大西南临港工业园区
2024	约 50 平方千米	主要为西湾新城、新禄组团片区，分布在江山镇北部和水营街道西部
2025	约 80 平方千米	主要为江山半岛一期和二期

3. 基本比例尺数字化产品测绘与更新

"十四五"期间，采用大飞机或无人机统筹安排航空摄影测量，组织防城港市本级 1∶1000 比例尺 DOM 数据生产，实现城市控制性详细规划、城镇开发边界、重点镇等区域（面积约 1800 平方千米）每两年更新一次的总体目标。

对城市控制性详细规划、城镇开发边界等重点区域（面积约 550 平方千米）开展 1∶1000 比例尺 DLG 绘制与更新。

防城港市 1∶1000 比例尺 DOM、DLG 生产规划年度计划如表 1-7 所示。

表 1-7 防城港市 1∶1000 比例尺 DOM、DLG 生产规划年度计划

年度	生产项目	面积	范围说明
2022	1∶1000 比例尺 DOM 生产	约 1800 平方千米	一是包括九龙湖科技生态产业园、城东片区、河西片区、企沙工业区、中心区北半部、中心区南半部、公车新城、大西南临港工业园、桃花湾片区、吹填区（东部、东南部）、高新技术产业开发区、江山半岛（一期）、西湾新城、防城区旧城片区、港口旧城片区、医学创新科技产业园、山心半岛、企沙镇城北区、企沙镇老城区、新禄组团、江山半岛（二期）等控制性详细规划片区。 二是包括中心城区、茅岭镇、潍营乡、大菉镇、扶隆乡、峒中镇、那良镇范围内的城镇开发边界。 三是包括光坡镇、企沙镇、峒中镇等重点镇。
2023	1∶1000 比例尺 DLG 生产	约 550 平方千米	一是包括九龙湖科技生态产业园、城东片区、河西片区、企沙工业区、中心区北半部、中心区南半部、公车新城、大西南临港工业园、桃花湾片区、吹填区（东部、东南部）、高新技术产业开发区、江山半岛（一期）、西湾新城、防城区旧城片区、港口旧城片区、医学创新科技产业园、山心半岛、企沙镇城北区、企沙镇老城区、新禄组团、江山半岛（二期）等控制性详细规划片区。 二是包括中心城区、茅岭镇、潍营乡、大菉镇、扶隆乡、峒中镇、那良镇范围内的城镇开发边界。
2024	1∶1000 比例尺 DOM 生产	约 1800 平方千米	一是包括九龙湖科技生态产业园、城东片区、河西片区、企沙工业区、中心区北半部、中心区南半部、公车新城、大西南临港工业园、桃花湾片区、吹填区（东部、东南部）、高新技术产业开发区、江山半岛（一期）、西湾新城、防城区旧城片区、港口旧城片区、医学创新科技产业园、山心半岛、企沙镇城北区、企沙镇老城区、新禄组团、江山半岛（二期）等控制性详细规划片区。 二是包括中心城区、茅岭镇、潍营乡、大菉镇、扶隆乡、峒中镇、那良镇范围内的城镇开发边界。 三是包括光坡镇、企沙镇、峒中镇等重点镇。

对中心城区等重点区域（面积约 260 平方千米）开展 1∶500 比例尺 DOM 更新。基于每年生产的实景三维数据，同步生成 1∶500 比例尺 DOM。

防城港市 1∶500 比例尺 DOM 生产规划年度计划如表 1-8 所示。

表1-8 防城港市 1∶500 比例尺 DOM 生产规划年度计划

年度	面积	范围说明
2022	约 90 平方千米	主要为河西片区、城东片区、防城区旧城片区、医学创新科技产业园、九龙湖科技生态产业园
2023	约 40 平方千米	主要为大西南临港工业园区
2024	约 50 平方千米	主要为西湾新城、新禄组团片区，分布在江山镇北部和水营街道西部
2025	约 80 平方千米	主要为江山半岛一期和二期

根据防城港市经济建设需要，五年内逐步实现重点发展区域的数据全覆盖。根据政府重大工程及应急测绘的需要，按照应急测绘保障服务方案进行基础地理信息数据动态获取与更新。

4. 基础地理信息数据建库与动态更新管理系统建设

根据基础地理信息数据获取与生产进度，完成多比例尺 4D 产品以及实景三维数据等基础地理信息数据建库。根据新型基础测绘工作的基本要求，研究基于已有基础地理信息数据库开展实体化建设方案，开展现有基础地理信息数据向地理实体数据转换关键技术研究，实现 1∶1000 比例尺 DLG 数据的实体化生产。充分基于统筹获取的亚米级卫星遥感影像、厘米级无人机低空航摄影像、LiDAR 点云等海量数据，广泛采用卫星导航定位、遥感、地理信息、互联网、物联网、大数据等先进的技术手段，实现基础地理信息数据库重要要素一年更新、一般要素三年更新、所有数据五年更新。

基于"数字防城港"地理空间框架建设数据库管理系统，建设二三维一体化的数据库动态更新与管理系统，实现对多源基础地理信息数据的集中存储、统一管理和动态更新。

（三）基础地理信息综合服务平台建设工程

1. 基础地理信息综合服务平台建设

基于防城港市本级基础地理信息数据库，在"数字防城港"地理信息公共服务平台的基础上进行优化和升级，建设防城港市基础地理信息综合服务平台，实现专业和政务级别的二三维共享服务，提高基础测绘成果应用服务水平。基于最新的基础地理信息数据源，做好各类应用服务数据库的优化与更新工作，不断扩充地理信息公共服务平台的数据范围，丰富数据内容。在维护好"防城港市测绘成果分发管理系统""防城港市旅游信息系统"等应用示范项目的基础上，提升公共服务平台在"数字防城港"以及智慧城市建设方面的基础地理信息数据的支撑保障能力。

2."天地图·防城港"公众服务平台推广应用

坚持"天地图·防城港"公益性服务导向，全面整合各类地理信息资源，提升"天地图·防城港"节点数据的现势性，加大"天地图·防城港"应用推广力度。整合在线电子地图服务资源，升级强化在线电子地图服务平台，服务内容和样式向可订制服务方向转型，面向部门及公众提供更灵活、更专业的在线地图服务。

加强在线地图服务能力建设，依托在线地图服务形成良好的在线地图应用生态圈，促进地图资源共享共用。提升"天地图·防城港"公众服务平台成果多元化、大众化应用服务能力，每年完成1～2个行业应用示范项目建设。

3.公共地图产品制作

基于最新的基础地理信息数据库资源，开发满足行政管理、社会事务管理和社会公众需求的类型多样、要素丰富、实用方便的各类地图产品。编制防城港市、县（区）域标准地理底图数据，为各行业专题图编制提供统一的地理骨架和控制要素。编制政务工作用图，全面反映防城港市自然资源、工程建设、生态旅游、社会经济、人文地理等基本情况，为政务工作宏观决策、综合管理、应对突发事件等提供清晰、可靠、科学的基础地理信息依据。

（四）基础测绘行政管理与保障服务能力建设工程

1.基础测绘行政管理能力建设

加强防城港市辖区范围测绘资质持证单位的年度资质巡查、质量检查、保密检查、地图市场检查、测绘生产安全检查工作，建立五项检查巡检制度。五项检查每年巡检两次，随机抽查覆盖面达20%以上。

2.基础测绘成果汇交、整理与共享服务能力建设

出台《防城港市基础测绘成果汇交管理与共享服务管理办法》，明确成果汇交范围、管理职责和共享服务权利、义务。加强对汇交成果的整理与共享服务的能力建设，包括软件、硬件基础设施建设和人才培养，实现对行业单位汇交成果的快速建档和网上查询服务。

六、经费估算

（一）经费编制依据

防城港市基础测绘"十四五"规划项目经费估算依据主要参照财政部、原国家测绘局、广西壮族自治区财政厅、原广西壮族自治区测绘局颁布的《测绘生产成本费用定额》等文件并结合当前测绘地理信息市场最新报价执行。经费编制依据有《测绘生产成本费用定额》《测绘生产困难类别细则》（财建〔2009〕17号文件附件），《测绘工程产品价格》《测绘工程产品困难类别细则》（国测财字〔2002〕3号文件附件），《广西壮族自治区事业单位工作人员收入分配制度改革实施意见》。

（二）经费估算

完成防城港市基础测绘"十四五"规划年度建设项目，计划总投资估算为4610万元。防城港市基础测绘"十四五"规划重点工程建设投资估算具体情况如前文表1-5所示。

七、保障措施

（一）优化体制机制管理环境

严格执行《中华人民共和国测绘法》《基础测绘条例》和《广西壮族自治区测绘管理条例》等法律法规，依法推进基础测绘工作。紧紧围绕转变职能和理顺职责，进一步简政放权，优化职能设置。适时制定《防城港市测绘地理信息管理办法》《防城港市基础测绘成果汇交管理办法》，明确基础测绘分级管理内容与实施主体资格、基础测绘成果汇交与共享、测绘地理信息市场监督管理、测绘地理信息成果质量监督检查等具体要求，为规范测绘地理信息市场行为、基础测绘成果实现共建共享、促进防城港市测绘地理信息事业可持续发展创造良好的政策环境。

结合防城港市经济社会发展、信息化和新型基础测绘体系建设需求，进一步完善测绘地理信息资质准入、市场监管和信用管理等政策。推进防城港市测绘地理信息项目在"中介超市"平台实施，提高项目前期准备工作效率。加快推进建设工程项目"多测合一"工作方案组织实施，按照"一次委托、综合测绘、成果共享"要求，开展同一建设工程项目委托同一单位的全生命周期测绘工作。

（二）加强组织管理

防城港市人民政府从测绘地理信息事业发展全局的高度，充分认识基础测绘工作的公益性、重要性和必要性，不断增强责任感，切实加强对基础测绘工作的组织领导，明确责任单位职责，采取有效措施解决规划实施过程中出现的突出矛盾和问题。

防城港市自然资源局充分履行作为市政府测绘行政管理机构的职责，按照统一、协调、有效的原则，认真履行市级基础测绘管理职责权限。建立健全基础测绘"十四五"规划实施保障机制，科学制订年度实施计划、项目库和实施方案，保证规划实施的层次性、系统性和连续性。统筹协调防城港市本级基础测绘规划年度项目的组织实施。提高管理人员的管理素质和专业水平，强化监管职责。完善基础测绘项目立项审查、设计审批、质量管理、项目执行监督、绩效考核等制度，确保规划目标和任务的顺利实施。引导基础测绘项目承担单位提高服务意识，提高基础测绘成果质量意识、保密意识和安全生产意识。进一步加强基础测绘项目生产过程监管，完善信用等级评价体系和公示制度。

（三）健全基础测绘投入机制

基础测绘投资主体是县级以上人民政府，基础测绘工作所需经费列入本级政府预算。根据基础测绘分级管理要求，结合防城港市与县（市、区）财政事权与支出责任划分原则，市本级直接组织实施的基础测绘工作所需经费，由市本级承担支出责任；县（市、区）组织实施的基础测绘工作所需经费，由县（市、区）承担支出责任。

按照统筹规划、分级计划、分级投入原则，建立健全公共财政对基础测绘投入的持续、稳定增长机制。建立和完善基础测绘经费使用绩效考评机制，对资金使用进行科学合理规划，提高基础测绘资金使用效率。拓展测绘地理信息投融资渠道，通过服务外包、谁出资谁受益的理念，积极引导社会资金对基础测绘新技术、新流程的科技研究投入，逐步形成多元化投入机制，提高基础测绘财力保障水平。

（四）加强人才培养与科技创新

加强市级基础测绘技术队伍建设，积极引进具有本科、研究生学历的人才及高级职称人才。重点培养生产管理、技术管理、技术服务等方面人才，不断优化人才结构，培养一支高素质的测绘科技与技能人才队伍。推进测绘科技创新团队建设，支持青年科技人员参与或承担重大基础测绘项目,以重大项目带动人才的培养与成长。提升辖区测绘资质持证单位的业务水平、科技水平,进一步提高本地化民营企业的基础测绘项目参与度。

加强与高校和科研院所的技术合作与科技创新应用,加大对测绘新技术的投入,加快测绘内业、外业一体化技术研究,加快新型基础测绘生产流程试验与推广应用,造就一支以需求为导向、以技术创新为核心、以科技成果产业化为目标,集开发、应用、推广、服务于一体的测绘技术创新队伍。

(五)加强基础测绘成果宣传与推广应用

加强策划、沟通、协调,充分利用好新媒体与传统媒体资源,对防城港市基础测绘取得的成果进行全方位宣传报道。积极主动向相关政府部门以及社会各界宣传基础测绘建设成果,通过举办成果展览、应用培训及合作开发等各种形式,推进基础测绘成果的深入应用,进一步扩大测绘地理信息影响力,营造基础测绘事业发展良好氛围。

研究建立基础地理信息应用服务新机制,加强需求调研和能力建设,提升基础地理信息资源的开发利用水平。以新体制环境下基础测绘全面融入自然资源整体布局为契机,进一步拓展地名地址、不动产测绘并提高对生态、环境、资源等地理要素的获取能力,增强基础地理信息资源的实用性和适用性,进一步推进基础测绘成果在经济社会发展中的全方位应用。

八、编制说明

为进一步加强基础测绘工作,谋划改革、找准定位、布局发展、促进转型,全面提升基础测绘服务自然资源"两统一"职责的能力和水平,防城港市委、市政府印发了《防城港市"十四五"规划编制工作方案》,明确了《防城港市基础测绘"十四五"规划》作为市级专项规划编制任务,由防城港市自然资源局牵头编制,联合防城港市发展和改革委员会上报防城港市人民政府批准实施。

(一)前期工作准备

2020年12月,防城港市自然资源局编制年度项目经费预算并上报。2021年2月,防城港市自然资源局向防城港市财政局申请并落实规划编制专项工作经费。按照《防城港市基础测绘"十四五"规划》编制工作部署,防城港市自然资源局成立防城港市基础测绘"十四五"规划编制工作领导小组，负责对规划编制涉及的重大问题进行决策研究。规划编制工作领导小组下设规划编制办公室，负责规划编制日常工作和组织管理。

2021年3月初，确定规划编制承担单位为广西遥感空间信息科技有限公司，具体负责规划编制工作实施。规划编制过程中涉及资料收集、座谈调研、问题协调与处理等，由广西遥感空间信息科技有限公司和规划编制办公室共同完成。以下统称为编制小组。

（二）需求调研与资料收集分析

2021年4月初，编制小组开始收集国家、自治区、防城港市有关基础测绘"十四五"规划编制的法律、法规和政策性、指导性文件，研究提出防城港市"十四五"时期基础测绘的发展目标、指导原则、专项任务、重大课题。结合防城港市经济社会发展需求进行规划实施年度目标和工作任务总体设计，形成《防城港市基础测绘"十四五"规划》编制工作的基本思路。

6月下旬，编制小组组织辖区主要委办局涉及基础测绘成果应用需求的直属单位以及行业测绘资质持证单位进行"十四五"时期基础测绘成果保障服务需求座谈调研，认真听取与会人员的需求、意见和建议，充分了解各行业单位对基础测绘成果的需求。同时，对防城港市自然资源局开展基础测绘"十四五"规划工作进行指导。其间，多次到辖区相关单位调研，收集已有基础测绘成果资料并进行分析，通过对防城港市现有基础测绘成果及行业需求进行系统分析，形成调研报告。

编制小组通过认真研究国家、自治区有关"十四五"基础测绘规划政策文件，掌握国家提出的新型基础测绘发展方向和"十四五"时期自治区基础测绘规划的重点任务，进一步明确本次规划编制的目标及任务，细化"十四五"时期年度重点工程任务安排，力求规划编制成果能够科学指导今后五年防城港市基础测绘任务的组织实施，同时符合自治区提出的"十四五"时期新型基础测绘建设发展方向。

（三）规划文本编制内容设计

编制小组在全面总结防城港市"十三五"时期基础测绘规划实施成效和存在问题，充分开展"十四五"时期基础测绘成果服务需求调研的基础上，根据《广西市县基础测绘"十四五"规划编制导则》所提出的"十四五"时期市县基础测绘发展目标、主要任务和重点工程建设指导性意见，开展《防城港市基础测绘"十四五"规划》文本编制。

《广西市县基础测绘"十四五"规划编制导则》提出，市县基础测绘"十四五"规划编制主要内容应包含本地区基础测绘基本情况、"十四五"面临的形势、指导思想、基本原则、发展目标、主要任务、重点项目、保障措施等。参照导则中提出的规划文本编制内容要求，《防城港市基础测绘"十四五"规划》文本由总则、现状与形势、总体要求、主要任务、重点工程、项目经费估算、保障措施等内容组成。

1. 总则

该部分主要陈述《防城港市基础测绘"十四五"规划》编制的背景、目的、依据、规划范围与规划期限。

2. 现状与形势

该部分重点陈述《防城港市基础测绘"十三五"规划》的实施成效、存在的不足，分析我国"十四五"时期基础测绘的发展形势与挑战。

在充分开展需求调研和已有资料收集分析的基础上，全面总结防城港市"十三五"时期在基础测绘管理体制机制、测绘基准体系建设、基础地理信息生产与更新、基础测绘服务保障能力等方面取得的成效。同时，指出"十三五"时期基础测绘实施存在的不足，主要表现为现代测绘基准体系建设有待完善、基础地理信息数据获取与更新能力不足、基础测绘成果应用广度和深度不够、基础测绘经费投入机制尚需完善。

针对"十四五"时期我国基础测绘的发展形势与挑战，就基础测绘科技创新、产品多元化和服务模式创新发展等方面进行阐述，结合国家、自治区提出的新型基础测绘技术体系建设目标，进一步明确防城港市"十四五"时期的基础测绘发展方向。

3. 总体要求

该部分明确规划编制的指导思想和基本原则。强调《防城港市基础测绘"十四五"规划》编制过程中要加强统筹协调，广泛征求部门、行业的意见和建议；要通过科技创新、人才培养，进一步促进防城港市基础测绘转型升级；要强化主动服务理念，以需求为牵引，完善公共服务体系；要加强基础测绘基础设施建设，进一步提升基础地理信息综合服务能力。同时，提出了到2025年的发展目标（详见主要任务和重点工程）和到2035年的远景目标。

4. 主要任务

该部分按照《广西市县基础测绘"十四五"规划编制导则》的指导意见，在充分考虑防城港市基础测绘发展现状和"十四五"时期经济社会发展需求情况下，提出测绘基准建设与维护、基础航空摄影和遥感影像获取、测制与更新基本比例尺地形图、基础地理信息数据库和系统建设与维护、实景三维测绘、新型基础测绘体系建设6个主要任务。根据6个主要任务的建设目标，分别设计14个重点工程任务，按五年计划予以实施。

5. 重点工程

该部分根据《防城港市基础测绘"十四五"规划》的主要任务建设目标要求，共设计了14个重点工程任务，包括FCGCORS建设，FCGGEOID精化建设，FCGCORS + FCGGEOID运维与应用服务，测量标志普查与保护，基础航空摄影和遥感影像获取能力建设，1：1000比例尺DOM数据生产，1：1000比例尺DLG数据生产与更新，实景三维数据及1：500比例尺DOM数据生产，基础地理信息数据库建库，数据库动态更新与管理系统建设，基础地理信息综合服务平台建设，"天地图·防城港"公众服务平台更新与推广应用，公共地图产品制作，基础测绘行政管理能力建设，基础测绘成果汇交、整理、共享服务能力建设。

6. 项目经费估算

该部分对项目经费进行估算，经费估算总额为4610万元，项目经费拟从多渠道筹措，由市财政支持，同时争取自治区自然资源厅和社会资金支持，分五个年度投入实施。由市财政支持的项目实施时每年要按照防城港市相关规定申请项目立项。

7. 保障措施

该部分从优化体制机制管理环境、加强组织管理、健全基础测绘投入机制、加强人才培养与科技创新、加强基础测绘成果宣传与推广应用等方面提出保障规划实施的相关措施，确保《防城港市基础测绘"十四五"规划》按计划有序落地实施。

（四）重大专项课题研究

结合防城港市经济社会发展需求和当前基础测绘发展现状，围绕防城港市新型基础测绘技术体系发展的全局性、前瞻性和关键性重大问题设置了三个重大专项课题开展研究。

1. 防城港市现代测绘基准建设与维护研究

该课题与《广西市县基础测绘"十四五"规划编制导则》提出的主要任务"测绘基准建设与维护"相对应。根据防城港市现代测绘基准建设现状、经济社会发展对高精度导航定位的需求，研究开展 FCGCORS 升级改造和 FCGEOID 精化计算。按照"基础设施＋系统平台＋基准服务"总体思路，提出防城港市现代测绘基准体系基础设施建设和维护的重点任务，构建与自治区级测绘基准统一的空间定位基准和空间数据获取平台，全面提升 GXCORS 综合服务能力。

2. 防城港市航空航天遥感测绘体系建设研究

该课题与《广西市县基础测绘"十四五"规划编制导则》提出的主要任务"基础地理信息数据生产和更新"和"基础航空摄影和遥感影像获取与服务"相对应。结合防城港市大比例尺基础图件的现势性和服务效能，采用低空无人机（搭载多源传感器）航摄技术开展 1：500 ～ 1：2000 基本比例尺数字化产品的快速测制与更新技术流程研究。提出建立自然资源广西卫星应用技术中心防城港市分中心，初步构建"天空地"一体化遥感数据获取、处理、入库与综合服务支持平台。充分利用全区卫星遥感影像统筹数据资源，按季度补充获取本地区优于 2 米、1 米、0.5 米分辨率的光学影像以及高光谱、多光谱、雷达影像等多类型遥感影像。

3. 防城港市基础地理信息"一张图"体系建设研究

该课题与《广西市县基础测绘"十四五"规划编制导则》提出的主要任务"基础地理信息数据库的建设、维护和更新"相对应。利用最新获取的大比例尺数字化产品建设和完善防城港市基础地理信息数据库，基于"数字防城港"地理空间框架数据库，建设防城港市"地理实体＋多比例尺＋多源"基础地理信息二三维一体时空数据库、防城港市基础地理信息数据更新与管理系统、防城港市基础地理信息"一张图"服务平台，升级、更新、维护，搭建防城港市基础地理信息"一张图"体系，更好地支撑自然资源业务管理的需要。

通过对三个重大专项课题开展研究，借鉴区内外先进技术经验，为防城港市"十四五"期间新型基础测绘项目组织实施提供技术支撑，扎实推动防城港市新型基础测绘高质量发展，为履行好新形势下基础测绘为经济建设、国防建设、社会发展和生态保护服务的法定职责奠定基础。

（五）与上级规划和本级相关规划衔接情况

1. 与《广西壮族自治区国民经济和社会发展第十四个五年规划和二○三五年远景目标纲要》衔接

2020 年 12 月 10 日，中国共产党广西壮族自治区第十一届委员会第九次全体（扩大）会议通过了《广西壮族自治区国民经济和社会发展第十四个五年规划和二○三五年远景目标纲要》。其中，提出了"十四五"期间广西要加快数字广西建设、促进资源节约高效利用，明确提出要发展壮大地理信息、遥感、北斗产业，打造一批数字经济龙头企业和数字产业集群；加强数字社会、数字政府建设，提升公共服务、社会治理、边境管控等数字化智能化水平；提升全民数字技能，实现信息服务全覆盖；落实自然资源资产产权制度和法律法规，加强自然资源调查评价监测和确权登记。规划提出的 6 个主要任务与《广西壮族自治区国民经济和社会发展第十四个五年规划和二○三五年远景目标纲要》提出的有关加快数字广西建设、促进测绘地理信息产业发展、全面实施自然资源产权管理工作目标是一致的。

2. 与《广西市县基础测绘"十四五"规划编制导则》衔接

规划编写过程中，编制小组以《广西市县基础测绘"十四五"规划编制导则》提出的市县级"十四五"基础测绘规划主要内容和重点工程为参考框架，在综合考虑当前防城港市基础测绘建设现状、存在问题和"十四五"基础测绘发展目标、成果服务需求的基础上，组织开展规划文本编写、重点工程规划设计和重大课题研究。规划编制的 6 个主要任务、5 个重点工程和 14 个重点工程项目都是依据《广西市县基础测绘"十四五"规划编制导则》的要求并结合地方经济社会发展需要提出的。

3. 与《防城港市国民经济和社会发展第十四个五年规划和二○三五年远景目标纲要》衔接

《防城港市国民经济和社会发展第十四个五年规划和二○三五年远景目标纲要》是编制专项规划、区域规划、空间规划的指导性文件。纲要征求意见稿下发后，编制小组认真研读并对规划编制内容进一步完善。

纲要中提出了"十四五"期间防城港市要建设智慧城市，大力开展新型智慧城市建设，打造"智慧城管"，提升城市管理的精细化和智慧化水平。

规划提出的构建防城港市现代测绘基准体系、基础地理信息获取与更新工程、

"数字防城港"地理信息公共（公众）服务平台建设工程、新型基础测绘试点建设等4个重点工程，为全面落实纲要提出的加强智慧城市建设、加强国土空间开发保护提供数据支撑。

4. 与《防城港市国土空间总体规划（2020—2035年）》衔接

规划文本在重点工程项目实施范围设计，特别是在基础地理信息获取与更新工程项目规划实施范围设计工作中，已充分与《防城港市国土空间总体规划（2020—2035年）》编制范围进行衔接，确保规划获得的基础测绘成果能够支撑防城港市经济社会发展对地理信息成果的需求。

（六）各委办局、企事业单位、测绘资质持证单位征求意见情况

2021年7月下旬，编制小组完成规划文本（征求意见稿）编制工作后，由规划编制办公室向市发展和改革委员会、市财政局、市工业和信息化局、市水利局、市海洋局、市农业农村局、市交通运输局、市自然资源局以及各企事业单位、测绘资质持证单位和自然资源系统内部单位发出《关于征求防城港市基础测绘"十四五"规划（征求意见稿）修改意见的函》，对《防城港市基础测绘"十四五"规划》及其附图征求修改意见，征求意见时间为2021年9月9—13日。

2021年9月下旬，规划编制办公室陆续收回33份复函。其中，市发展和改革委员会、市财政局、市海洋局、市国土资源勘测规划院（信息中心）提出了意见和建议，其他单位均无意见和建议。编制小组根据反馈意见和建议进行了深入研究，对符合实际情况的修改意见和建议进行了修改完善，对不予修改的意见和建议进行了解释。

（七）专家评审情况

2021年11月1日，防城港市自然资源局组织召开《防城港市基础测绘"十四五"规划》验收会，邀请区内测绘地理信息及相关领域专家对规划文本、编制说明、重大课题研究报告和规划图件进行评审论证。根据专家和与会人员提出的评审意见进一步修改完善，2021年12月初形成《防城港市基础测绘"十四五"规划》编制成果。

（八）市人民政府常务会审议情况

防城港市自然资源局按照《防城港市"十四五"规划编制工作方案》要求，向防城港市人民政府请求予以印发实施《防城港市基础测绘"十四五"规划》。2021年12月29日，防城港市人民政府正式批准《防城港市基础测绘"十四五"规划》印发实施。

第二章

平南县基础测绘『十四五』规划

基础测绘是为经济建设、国防建设和社会发展提供测绘地理信息服务的基础性、公益性事业，是经济社会可持续发展的重要支撑。加快发展基础测绘，形成新型基础测绘体系，全面提升测绘地理信息应用与服务水平，对经济社会发展、智慧城市建设、生态文明建设和国家安全建设等具有重要意义。

依据《中华人民共和国测绘法》《基础测绘条例》《广西壮族自治区测绘管理条例》等相关法律法规，结合《全国基础测绘中长期规划纲要（2015—2030年)》《广西壮族自治区基础测绘"十四五"规划》《广西市县基础测绘"十四五"规划编制导则》和《平南县"十四五"规划纲要》等相关文件精神，在全面总结平南县"十三五"基础测绘发展现状、分析"十四五"时期平南县经济社会发展对基础测绘服务需求的基础上，面向平南县"十四五"时期基础测绘和测绘地理信息事业发展的需求，编制本规划。

本规划提出了平南县"十四五"时期基础测绘的发展目标、主要任务，明确了现代测绘基准体系、基础地理信息数据动态更新与建库、多元化基础测绘成果建设与推广应用、基础测绘行政管理与保障服务能力建设、新型基础测绘技术体系建设等重点发展方向，研究制定了重点工程建设内容，是指导未来五年平南县基础测绘工作开展的方向性、纲领性文件，对全面提升平南县基础测绘保障能力和服务水平具有十分重要的意义。

一、总则

（一）编制背景

"十四五"时期是我国全面建成小康社会、实现第一个百年奋斗目标之后，乘势而上开启全面建设社会主义现代化国家新征程、向第二个百年奋斗目标进军的第一个五年；是解放思想、改革创新、扩大开放、担当实干，奋力开启建设壮美广西、共圆复兴梦想新征程的重要时期；是加快推进平南县生态文明建设和经济社会高质量发展的攻坚期。同时，"十四五"时期也是基础测绘全面融入自然资源整体布局，更好履行"为经济建设、国防建设、社会发展和生态保护服务"职责的第一个五年规划时期。科学编制《平南县基础测绘"十四五"规划》，对于明确新体制环境下基础测绘新功能、新定位，谋划基础测绘新任务、新举措，指导"十四五"期间各项基础测绘工作的开展实施具有重要意义。

（二）编制目的

紧紧围绕"建设壮美广西　共圆复兴梦想"总目标总要求，进一步加强平南县基础测绘工作，谋划改革、找准定位、布局发展、促进转型，全面提升基础测绘服务自然资源"两统一"职责的能力和水平，更好地满足平南经济社会发展各领域、各方面对基础测绘成果服务的需求，依据《中华人民共和国测绘法》《基础测绘条例》《广西壮族自治区测绘管理条例》《广西市县基础测绘"十四五"规划编制导则》等法律法规及相关文件精神，结合平南县实际，编制《平南县基础测绘"十四五"规划》。

"十四五"期间，依据《平南县基础测绘"十四五"规划》制定的主要任务、重点工程，科学指导平南县基础测绘工作组织实施，全面提升基础测绘保障能力和服务水平，推进测绘地理信息事业转型升级。

（三）指导思想

坚持以习近平新时代中国特色社会主义思想为指导，深入贯彻党的十九大和十九届历次全会精神。紧扣"建设壮美广西　共圆复兴梦想"总目标总要求，以珠江—西江经济带开放发展和高铁经济带建设为依托，深入推进"六能平南"建设，着力推进新型城镇化、新型工业化、基本公共服务均等化，持续打造珠江—西江经济带新兴工业港口城市、南广高铁经济带先行示范县、区域性现代物流次中心滨江城市和产城融合发展的宜业宜居宜乐宜游生态滨江城市。扎实推进平南县基础测绘转型升级，有力支撑自然资源"两统一"业务管理和各行业需求，更好地服务生态文明建设和经济社会发展，为到2035年基本实现社会主义现代化、谱写好中华民族伟大复兴中国梦的平南篇章打下坚实基础。

（四）编制依据

《中华人民共和国测绘法》（2017年7月1日起施行），《基础测绘条例》（2009年8月1日起施行），《全国基础测绘中长期规划纲要（2015—2030年）》（国函〔2015〕92号文件批复），《全国基础测绘"十四五"规划编制指南》（自然资办函〔2019〕1914号文件附件），《广西壮族自治区测绘管理条例》（2019年10月1日起施行），《广西壮族自治区基础测绘"十四五"规划编制工作方案》（桂自然资办发〔2020〕230号文件附件），《广西壮族自治区基础测绘"十四五"规划》，《广西市县基础测绘"十四五"规划编制导则》(桂自然资办〔2020〕379号文件附件),《平南县国民经济和社会发展第十四个五年规划和二〇三五年远景目标纲要》(平政发〔2021〕4号文件附件),《平南县国土空间总体规划（2020—2035）》(初步成果),《平南县"十四五"规划编制工作方案》（平办通〔2020〕67号文件附件）,《平南县"十四五"规划纲要》,《平南县基础测绘"十四五"规划编制工作方案》,以及基础测绘管理相关政策等。

（五）规划范围

规划范围为平南县,规划总面积为2984平方千米,辖2个街道16个镇3个乡(民族乡),即平南街道、上渡街道、平山镇、大坡镇、寺面镇、大洲镇、六陈镇、大新镇、大安镇、武林镇、镇隆镇、安怀镇、思旺镇、大鹏镇、官成镇、同和镇、丹竹镇、东华镇、思界乡、马练瑶族乡、国安瑶族乡。

（六）规划期限

基期年设定为2020年,目标年为2025年,展望到2035年。

二、现状与形势

（一）基础测绘实施成效

"十三五"期间,平南县基础测绘工作顺利开展,基础测绘管理体制机制不断完善,测绘基准体系建设逐步完善,基础地理信息数据生产与更新能力进一步加强,基础地理信息成果应用不断拓展,基础测绘服务保障能力得到了提升,在促进全县经济转型升级、"数字平南"地理空间框架建设、公共服务能力提升等方面发挥了重要作用。

1.基础测绘管理体制机制建设

按照国家机构改革工作方案,2016年底完成平南县测绘地理信息局挂牌,明确测绘地理信息管理与服务职能,加大统一监管力度。2019年初完成平南县自然资源局挂牌,成立测绘地理信息股,负责测绘地理信息统一监督管理工作,进一步明确机构改革后自然资源管理对基础测绘的新定位,生态文明建设和经济高质量发展对基础测绘的新要求。

"十三五"期间，全力做好涉密基础测绘成果资料领用审批工作，规范行政审批程序、流程。按照贵港市自然资源局工作安排，定期开展年度测绘资质巡查、保密检查及地图市场检查。邀请专家举办涉密测绘地理信息成果保密培训班，未发生失密、泄密事件。

积极组织开展测绘法律法规宣传，提高群众对测绘法及国家版图意义、作用的认识，促进测绘成果与民共享，提高民众对测绘地理信息事业的关注和支持。

2. 测绘基准体系建设

"十二五"至"十三五"期间，广西 CORS 基础设施建设项目在平南镇、六陈镇、国安瑶族乡建立了 3 个基准站。贵港市勘察测绘研究院在平南镇建设了 1 个基准站。4 个基准站之间没有进行联网，尚未构成 CORS 系统提供测绘基准服务。按照贵港市自然资源局工作安排，组织开展卫星导航定位基准站建设备案工作和卫星导航定位基准站安全专项整治行动，确保辖区内基准站和接收数据安全。

分批组织开展辖区国土系统 CGCS2000 转换工作，建立了由 21 个点组成的平南县 D 级 GNSS 控制网，用于坐标转换参数计算。另外，自治区测绘局"十五"期间在平南县辖区范围施测了 B、C 级 GNSS 控制网。"十二五"初期，平南县国土资源局在城镇 1：500 比例尺地形地籍测量工作中，布设了平南镇 E 级 GPS 控制网。在广西自然资源档案博物馆查阅并收集到辖区范围现有高等级高程控制成果，包括二、三、四等水准路线共 7 条。协助贵港市自然资源局组织开展测量标志普查工作，对需要维护的国家等级永久性测量标志进行加固和维护，为平南县社会经济建设提供测绘基准成果保障服务。

3. 基础地理信息数据生产与更新

"十二五"初期，平南县国土资源局在全国第二次土地调查工作中组织开展了1：500 比例尺地形地籍测量。"十三五"期间，行业资质持证单位采用 3S 技术对工业园区等重点工程按需测绘了 1：500、1：1000 比例尺 DLG。

"十三五"期间，全面完成"数字平南"地理空间框架建设，完成与国家、自治区两级数据融合和公共服务平台互联互通，完成"天地图·平南"县级节点数据生产并接入省级节点。采用无人机倾斜摄影测量技术获取县城建成区 20 平方千米精细三维模型数据，构建了 2988 平方千米的三维场景数据。组织开展了平南县第三次国土调查，利用自治区下发的 1 米分辨率卫星影像数据和 0.2 米航空影像数据（1：2000 比例尺 DOM）建成了遥感影像数据库。

4. 基础测绘服务保障能力建设

"十三五"期间，平南县基础测绘服务保障能力得到进一步加强，测绘地理信息中介服务机构在实践中也得到了发展壮大。目前，本地化测绘资质持证单位共有 4 家，其中丙级 2 家、丁级 2 家。

"十三五"期间，平南县自然资源局通过多种渠道获得各种类型基础地理信息成果数据，先后为城乡规划建设、国土（自然）资源业务管理、交通与水利建设、农村土地承包经营权确权、平南县第三次国土调查、国土空间规划、不动产登记发证等重大工作实施提供及时适用的测绘成果保障服务，较好地服务平南县委、县政府中心工作。

"数字平南"公共服务平台和公众服务平台推广应用，开发了政务管理系统、领导工作用图、专题电子地图，有力支撑各级政府部门电子政务的业务协同，进一步提升了平南测绘地理信息公共服务水平，同时也为下一步"智慧平南"建设提供了基础地理空间框架数据服务保障。

（二）当前基础测绘事业发展存在的问题

平南县现有的高等级控制成果和 1∶500～1∶2000 比例尺地形图、地籍图主要还是第二次全国土地调查期间施测的，资料成果的现势性不强，已难以满足经济社会发展的需要。

1. 现代测绘基准体系建设有待完善

随着测绘新技术的快速发展，平南县现行测绘基准体系建设与更新已滞后于现代测绘技术发展步伐。"十三五"期间，平南县统一使用 CGCS2000，但在 2000 国家大地控制网建设投入力度上已滞后于经济社会建设的需求。辖区内已有 GPS 控制点和水准点主要是 2002—2015 年由自治区测绘地理信息局（原自治区测绘局，2011 年更名）和平南县国土资源局组织施测的。这些高等级的平面控制点和高程控制点年久失修，存在较大程度的破坏，明显制约了测绘基准体系的社会服务功能。辖区内已建立的 4 个 CORS 基准站分布不均匀，并且没有进行联网。尚未开展区域似大地水准面精化，未能快速提供 GNSS 大地高转换正常高服务。

"十四五"期间，亟须加大现代测绘基准体系建设投入力度，建成空间分布相对合理的实时和事后高精度、三维大地测量控制网，为平南县经济社会快速发展、各委办局业务开展提供与国家、自治区测绘基准统一的高精度、三维大地测量基准服务，以满足社会经济建设对大地测量基准成果的需求。

2. 基础地理信息数据获取与更新能力不足

"十三五"期间，全县基础地理信息数据获取与更新投入力度不够，1∶500、1∶1000、1∶2000 比例尺地形图、地籍图数据更新缓慢，覆盖范围小。这些图件生产时间为 2010—2016 年，整体现势性不强。现有高分辨率遥感影像数据主要依靠上级下发或专项工作获取，尚不具备自主、定期遥感影像数据获取与更新能力。辖区现有的覆盖全域范围的 0.2 米分辨率遥感影像数据 DOM，是自治区测绘地理信息局 2014—2016 年统一航摄获取的数据。2019 年"数字平南"地理空间框架建设过程中获取的建成区 20 平方千米精细三维模型数据，是辖区分辨率最高的、现势性最强的基础地理信息数据。

基础地理信息数据获取与更新技术手段落后，地理信息数据获取与更新基础设施薄弱，削弱了基础地理信息成果社会化服务能力。因此，"十四五"期间亟须建立基础地理信息数据动态更新机制，加大基础测绘财政投入，建成覆盖全域的基础地理信息数据库，更好地支撑自然资源"两统一"业务管理和各行业工作开展，更好地服务生态文明建设和经济社会发展。

3. 基础测绘成果应用广度和深度不够

基础测绘成果大部分属于国家秘密，采用统一技术标准生产，以 4D 产品形式申请领用，主要应用于政府、企事业单位的专业生产。成果涉密且承载专题内容相对单一，导致大量基础地理信息数据没有得到深层次的开发应用，难以满足政府、企事业单位和大众对基础测绘成果的多元化需求，基础测绘成果应用服务的广度和深度不够。另外，基础测绘成果共享机制尚未建立，导致基础地理信息数据重复采集、管理混乱、利用率低。

"十四五"期间，随着数字政府建设、数字经济建设、智慧城市建设加快实施，对地理空间信息成果的多元化应用需求快速增长。要加大"数字平南"地理空间框架成果维护与更新投入，加大推广应用力度，有效推进"天地图·平南"地理信息公众平台与各行业、各部门专题信息数据的深度融合与应用服务。

4. 基础测绘经费投入机制尚需完善

"十三五"期间，平南县财政投入基础测绘经费累计为 1256 万元。财政投入力度相对偏弱，年度基础测绘计划项目实施滞后，导致基础地理信息数据获取、更新、服务能力下降，已不能满足社会经济建设对基础测绘成果服务的需要。

"十四五"期间，亟须建立基础测绘经费投入长效机制，按照规划逐年逐项组织基础测绘项目实施，为自然资源"两统一"业务管理和各行业工作开展提供现势性强的地理信息成果服务。

5. 测绘专业技术人才缺乏

"十三五"期间，辖区测绘资质持证单位一直在加强测绘专业技术人才的引进与培养，但效果不明显。其主要原因有两个方面，一是地方人才引进政策和待遇的吸引力不够，二是当前年轻技术人才更多选择在省会城市工作。

目前平南县辖区测绘资质持证单位从事测绘工作的人员中仍然有大部分是非专业出身，整体测绘业务水平欠缺，尚难以独立承担技术难度较高的新型基础测绘工作。"十四五"期间，应争取更多的人才引进政策来吸引技术人才。另外，测绘资质持证单位应注重单位职工的继续教育和能力提升培训。

(三)"十四五"时期基础测绘发展形势与挑战

1. 测绘科技创新快速发展

"十四五"期间，我国将全面开展新型基础测绘体系建设，测绘科技创新发展日新月异。随着北斗卫星导航系统（BDS）、航天航空遥感（RS）、地理信息系统（GIS）与互联网、物联网、云计算、人工智能等新技术的跨界融合，将实现基于航天、航空、地面、海上、水下多平台、多传感器的实时分布式多源地理空间信息动态获取与更新。本阶段将逐步实现测绘基准现代化、数据获取实时化、数据处理自动化、数据管理智能化、信息服务网络化、信息应用社会化、业务管理信息化。从地理空间信息数据采集、处理、分析到面向用户的"地理信息＋专题"多元化应用服务，全过程实现自动化、智能化、网络化和实时化。

测绘地理信息数据的社会化应用实现安全和利益最大化共享，将成为测绘地理信息事业发展的新挑战。面向信息化、智能化测绘体系建设和共享应用需求，制定涵盖地理空间信息数据采集、加工、存储、分发、应用和服务全链条的标准体系，是"十四五"期间以及今后一段时期测绘科技创新研究的重点。

2. 基础测绘产品多元化发展

测绘地理信息产业作为新型服务业态,已成为当前数字经济、信息消费、"互联网+"背景下的新兴产业热点。社会大众对基础测绘成果服务需求的多元化,为地理信息产业持续发展创造了新的机遇,促使基础测绘产品从地理要素分类信息服务到地理实体信息服务、从二维静态地图表达到三维动态地理场景表达、从空间定位数据到空间地理信息、从重生产向重服务的多元化转变。

政府、企业和大众对精细化、个性化的地理信息产品服务需求,必然促进地理信息产品和服务模式向多元化、大众化发展,进而加速推动传统基础测绘技术体系向新型基础测绘技术体系转型升级。

3. 测绘地理信息服务模式创新发展

随着测绘地理信息新技术的融合发展,基础测绘逐步实现"互联网+地理信息"的创新服务。测绘地理信息服务模式由传统被动式的"窗口领用"服务向主动式的"窗口+网络化服务"模式转变,逐步形成以基础测绘、数字城市地理空间框架、航空航天遥感和地理信息资源为主的"多元化公益服务+市场化服务"格局。

测绘地理信息服务模式的创新发展,必将推进测绘地理信息在经济增长、社会进步和国防建设中的深化应用。通过多源地理信息数据集成融合、专题应用快速构建、地理信息成果在线服务等技术,提供面向政府管理决策、企业生产运营、人民群众生活的主动式、增量式的地理信息综合服务。

三、总体要求

(一) 基本原则

1. 加强管理、统筹规划

进一步理顺平南县基础测绘与地理信息管理机制,加强基础测绘规划协调、管理。大力推进跨部门、跨层级、跨行业的集约化测绘,科学制定"十四五"基础测绘年度计划。与市级基础测绘规划和《平南县"十四五"规划纲要》密切衔接,按年度计划组织基础测绘项目实施。构建基础地理信息成果汇交与共享机制,更好地服务经济社会发展和自然资源管理,发挥好"两服务、两支撑"作用。

2. 创新驱动、转型升级

科技创新是提升平南县基础测绘核心供给能力、服务质量和服务效能的根本保障，坚持"科技兴测"和"人才强测"。要以科技创新为动力，大力促进现代信息新技术在基础地理信息数据获取、处理、分析方面的应用，加快新型基础测绘转型升级。基础测绘项目年度计划要在务实可行的基础上进行，技术要适度超前，体现科技创新对基础测绘行业的模式革新与效率提升。

3. 需求牵引、强化服务

把落实自治区和贵港市基础测绘工作要求、保障经济社会快速发展作为平南县"十四五"基础测绘工作的出发点和落脚点，以需求为牵引，完善公共服务体系。大力推进测绘信息化建设，强化主动服务理念，重点保障基础设施建设、基础数据获取与多元化成果服务、测绘行政管理能力建设等重点项目的组织实施。

4. 夯实基础、保障安全

加强测绘地理信息高精尖装备和资源的建设，提升基础地理信息采集、处理、传输、利用、安全和服务能力。正确处理基础地理信息公共服务与安全保障、开发利用与规范管理的关系，在保障基础地理信息安全的同时，促进其有效开发利用，既要确保国家秘密安全，又要便于信息资源合理利用。

（二）发展目标

到 2025 年，进一步完善基础测绘管理体制和运行机制；建成覆盖全域、基准统一、高精度、动态三维的现代测绘基准体系；构建覆盖全域、内容丰富、时效性强的基础地理信息数据库；持续维护更新"数字平南"地理空间框架基础库，推进"天地图·平南"公众服务平台深度服务政府、企事业单位、社会大众；初步形成卫星遥感应用技术体系；开展建成区实景三维建模和地理实体数据采集试点工作，为"十四五"时期全县经济建设、国防建设和社会发展提供高效、适用的基础测绘服务保障。

到 2035 年，建立均匀分布的新一代测绘基准观测网，实现测绘基准与 PNT 系统的统一与集成；建成基于"天空地"多源遥感技术的地理实体快速数据获取、更新生产流程和技术体系，实现"一个实体只测一次"的市县分级负责、联动更新；搭建新型基础测绘生产方式、作业方法、多元化成果服务模式，全面实现从新型基础测绘技术体系向智能化测绘技术体系的转型升级。

四、主要任务

（一）测绘基准建设与维护

"十四五"期间，全面建成平南县现代测绘基准体系，提供覆盖全域、基准统一、高精度、动态三维的大地测量基准成果服务。按照贵港市自然资源局的统筹部署，通过改造、扩建平南辖区 CORS 基准站基础设施，建成平南县北斗卫星定位综合服务系统（PNCORS），实现米级、分米级精度的实时导航服务和实时厘米级、后处理毫米级精度的高精度定位服务。开展厘米级精度的平南县区域似大地水准面模型（PNGEOID）精化计算，实现实时和事后的大地高转换正常高。复测与更新平南县 D级 GNSS 控制网，满足乡镇、行政村社会经济建设对高等级控制资料的需求。进一步推进 CGCS2000 在各行业部门的应用，为基础地理信息成果汇交、建库和共享机制建立奠定基础。定期组织开展辖区高等级永久性测量标志巡查、维护工作。

（二）航空航天遥感影像统筹获取能力建设

"十四五"期间，加快开展航空航天遥感影像统筹获取能力建设，提升国产卫星高分辨率遥感影像、航空摄影测量、无人机倾斜摄影测量等遥感影像的快速获取能力。通过自然资源广西卫星应用技术中心贵港分中心 / 贵港节点资源推送服务，推进卫星遥感应用融入自然资源调查、监管、评估、决策等业务管理中，发挥卫星遥感多任务应用技术支撑服务能力。

（三）基础地理信息数据生产与更新

"十四五"期间，基于自然资源广西卫星应用技术中心贵港分中心 / 贵港节点资源推送服务，建立国产卫星影像统筹获取、联动更新与共享机制。统筹安排低空无人机航空数码摄影测量，统一组织 1∶2000 比例尺 DOM 数据获取与生产，实现全域每两年更新一次的总体目标。

对建成区、重点规划区、工业产业园区、重大工程沿线等重点区域按需进行低空无人机倾斜摄影测量，开展 1∶500 比例尺 DLG、DOM 绘制与更新。

（四）基础地理信息数据库及公共（公众）平台更新与维护

"十四五"期间，开展基础地理信息数据建库，建成包括多时空、多尺度的 DLG

数据库、DOM 数据库、DEM 数据库、DRG 数据库、地名地址数据库等。持续推进"数字平南"地理空间框架、地理信息公共（公众）平台及应用示范建设，提高基础测绘成果多元化、大众化应用服务能力。

（五）实景三维测绘

"十四五"期间，基于无人机倾斜摄影测量技术开展建成区实景三维数据采集与快速更新、实景三维影像数据建库，持续丰富测绘地理信息资源类型。面向不动产登记、生态修复等自然资源管理业务开展实景三维数据应用推广，提高基础测绘多元化成果应用服务能力，拓展服务应用领域。

（六）新型基础测绘试点建设

"十四五"期间，围绕新型基础测绘的生产方式、作业方法、数据成果和服务模式开展创新研究，探索"一个实体只测一次"的市县分级负责、联动更新的地理实体数据采集、应用服务新模式。基于获取的实景三维数据，初步开展地理实体数据采集试点工程。

五、重点工程

根据 6 个主要任务建设目标，规划设计了现代测绘基准体系建设与维护工程、基础地理信息获取与更新工程、地理信息公共（公众）服务平台建设工程、基础测绘行政管理与保障服务能力建设工程、新型基础测绘试点建设工程等 5 个重点工程，共计 17 个基础测绘建设项目，按项目建设需求的紧急程度分五年计划组织实施。平南县基础测绘"十四五"规划重点工程分期建设项目名称、建设内容、建设依据和建设意义详见表 2-1。

（一）现代测绘基准体系建设与维护工程

1. PNCORS 建设与维护

通过整合、改造辖区已有 CORS 基准站基础设施，建成由 8 个新建 BDS 基准站（多模卫星定位）和 1 个北斗数据中心组成，与 GXCORS 进行组网的 PNCORS，实现分米级精度导航服务（网络 RTD）、实时厘米级精度定位服务（网络 RTK）和毫米级精度的静态长距离基准传递服务。

表2-1 平南县基础测绘"十四五"规划重点工程、分期建设投资估算表

单位：万元

序号	重点工程名称	分期建设项目名称	建设内容	计划总投资	资金来源 县财政	2021	2022	2023	2024	2025	建设依据及建设意义	备注
1	平南县现代测绘基准体系建设与维护工程	平南县北斗卫星定位综合服务系统（PNCORS）建设	新建8个BDS基准站（多模卫星定位）和1个北斗数据中心，与GXCORS组网建成PNCORS，基准站间平均距离相邻点间平均距离约为20千米。	200	200		200				1. 建设依据：（1）《中华人民共和国测绘法》第十八条："县级以上人民政府应当将基础测绘纳入本级国民经济和社会发展年度计划，将基础测绘工作所需经费列入本级政府预算。……县级以上地方人民政府发展改革部门会同本级人民政府地理信息主管部门，根据本行政区域的基础测绘规划编制本行政区域的基础测绘年度计划，并分别报上一级部门备案。"（2）《广西壮族自治区测绘管理条例》第四条："县级以上人民政府应当保障测绘工作经费，将地理信息、地理设施的建设及其管理维护经费列入本级政府预算"。第八条："基础测绘实行分级管理制度。……县级基础测绘包括：（一）高程、平面控制网，……在本行政区域内平面控制和高程……	自治区自然资源厅要求
2		平南县北斗卫星定位综合服务系统（PNCORS）运维与应用服务	PNCORS设备运维，更新与应用服务，包括每年度网络通信运行费用。	60	60			20	20	20		自治区自然资源厅要求
3		平南县区域似大地水准面模型（PNGEOID）精化建设	开展平南县1.5'×1.5'分辨率，整体精度优于4厘米精度（建成区及平原地区优于±3厘米，丘陵、山地地区优于±6厘米）的PNGEOID精化。	30	30		30					自治区自然资源厅要求

续表

序号	重点工程名称	分期建设项目名称	建设内容	计划总投资	资金来源 县财政	实施年度计划					建设依据及建设意义	备注
						2021	2022	2023	2024	2025		
4		平南县D级GNSS控制网复测与更新	开展D级GNSS控制网实地普查、复测与更新，每个乡镇布设3个D级GNSS控制点，及开发区域布设适当加密控制点，建成由80个点组成的平南县D级GNSS控制网。	46	46	46					控制网现代空间定位基础框架的加密、复测与维护，……第二款、第三款所称现代空间定位基础框架，包括卫星导航定位连续运行基准站网、卫星大地测量控制网、区域似大地水准面精化模型等现代大地测量基础设施。"（3）《广西壮族自治区县级基础测绘"十四五"规划编制导则》。	自治区自然资源厅要求
5	平南县现代测绘基准体系建设与维护	CGCS2000推广应用	依法继续推进CGCS2000在各行业的应用，做好各专业部门开展和应用CGCS2000成果转换和应用工作的技术指导，全面实现全县测绘基准体系的统一。	30	30		30				2.建设意义：（1）为平南县基础地理信息数据生产提供统一的测量基准框架，唯一权威，实现各行业测绘成果共建共享，为提供三维控制成果服务与技术支持。（2）直接为城镇和农村地籍化登记发证提供起算服务，避免各乡镇因证因起算基准不统一而导致成果空间拓扑矛盾等问题的出现。	自治区自然资源厅要求
6		测量标志普查与保护	对辖区范围内高等级控制点普查做好测量标志保护工作，每年（2022—2025年）定期巡查与维护。	40	40	10	10	10	10	10		地方要求

续表

序号	重点工程名称	分期建设项目名称	建设内容	计划总投资	资金来源 县财政	2021	2022	2023	2024	2025	建设依据及建设意义	备注
7	基础地理信息获取与更新工程	卫星遥感影像获取能力建设	（1）获取辖区范围数据已有高分辨卫星遥感数据源，初步搭建南县航空航天遥感综合服务系统，作为卫星遥感服务支持平台。（2）按年度、季度获取辖区范围优于2米、1米、0.5米分辨率光学影像以及高光谱、多光谱、雷达影像等多类型遥感影像数据。	200	200		80	40	40	40	1. 建设依据：（1）《中华人民共和国测绘法》第十八条："县级以上人民政府应当将基础测绘纳入本级国民经济和社会发展所需经费列入本级预算。……县级以上地方人民政府测绘地理信息主管部门会同本级发展改革部门，根据本行政区域的基础测绘规划编制本行政区域的基础测绘年度计划，并分别报上一级部门备案。"（2）《广西壮族自治区测绘管理条例》第四条："县级以上人民政府应当保障测绘国情监测、测绘基础设施建设及其管理维护所需经费列入本级政府预算。"第八条："……设区的市、县级测绘区域内的1：500、1：1000、1：2000基本比例尺地图、影像图、数字化产品	自治区自然资源厅要求
8		1：2000比例尺DOM数据生产与更新	采用大飞机或无人机组织辖区范围0.2米分辨率的数码影像数据获取、1：2000比例尺DOM生产，实现全域范围每两年更新一次的1：2000比例尺DOM生产目标。	360	360	120		120		120		自治区自然资源厅要求

续表

序号	重点工程名称	分期建设项目名称	建设内容	计划总投资	资金来源 县财政	实施年度计划					建设依据及建设意义	备注
						2021	2022	2023	2024	2025		
9	基础地理信息获取与更新工程	1：500比例尺DOM、DLG数据生产	（1）采用无人机倾斜摄影测量、激光LiDAR等技术开展平南县建成区（包括平南街道、上渡街道、建制镇）建成区约35平方千米（约25平方千米）建成区优于0.03米分辨率的倾斜影像数据获取。 （2）基于倾斜摄影测量数据开展1：500比例尺DLG和DOM数据生产与更新。年度生产计划如下： （1）2022年开展测绘区约20平方千米。 （2）2023年开展建制镇建成区约15平方千米测绘。 （3）2024年开展测绘区约15平方千米测绘。 （4）2025年开展建成区新测和修补测面积约10平方千米。	300	300		100	75	75	50	的测制和更新。第九条："基础测绘成果实行定期更新制度。……设区的市、县级基础测绘成果的更新周期不超过两年，其中城市建成区基础测绘成果更新周期不超过一年，行政区划、道路等要素应当及时更新。" （3）《广西市县基础测绘"十四五"规划编制导则》。 2.建设意义： （1）满足自然资源确权、国土空间规划、生态保护修复、土地变更调查、专题监测等自然资源管理以及住建、交通、农业、林业、水利等部门对基础地理信息数据的需求。	自治区自然资源厅要求

续表

序号	重点工程名称	分期建设项目名称	建设内容	计划总投资	资金来源 县财政	实施年度计划 2021	2022	2023	2024	2025	建设依据及建设意义	备注
10	基础地理信息获取与更新工程	实景三维数据生产	综合利用倾斜摄影测量、激光 LiDAR 所获取多源数据，开展建成区、建制镇高精度实景三维数据生产。其中年度计划生产如下：（1）2023 年开展平南县建成区 20 平方千米生产。（2）2024 年开展建制镇建制镇建成区 15 平方千米生产。（3）2025 年开展县建成区和建制镇建成区区域 25 平方千米生产。	72	72			24	18	30	（2）为地理信息数据公共（公众）服务平台建设提供最新的数据源。（3）为新型基础测绘体系试点建设提供地理实体生产数据源。	自治区自然资源厅要求
11		基础地理信息数据库与动态更新	对年度生产的测绘成果、多尺度影像数据、相航天航空遥感影像数据、DOM 和 DLG 等基础地理信息数据进行入库、维护，按照涉密要求规范进行涉密信息系统建设。	60	60		15	15	15	15		自治区自然资源厅要求

续表

序号	重点工程名称	分期建设项目名称	建设内容	计划总投资	资金来源 县财政	2021	2022	2023	2024	2025	建设依据及建设意义	备注
12	"数字平南"地理信息公共(公众)服务平台建设工程	"数字平南"地理信息公共(公众)平台数据维护更新与推广应用	(1)基于最新基础地理信息数据资源，做好各类更新工作，不断扩充无地理信息公共服务平台数据与优化的数据范围，丰富数据平台内容。(2)在维护好已有应用示范项目基础上，每年推广应用1～2个应用示范项目。	120	120		30	30	30	30	1.建设依据：(1)《中华人民共和国测绘法》第四十条："县级以上人民政府测绘地理信息主管部门应当及时获取、处理、更新基础地理信息数据，通过地理信息公共服务平台向社会提供地理信息公共服务，实现地理信息数据开放共享。"(2)《广西区测绘管理条例》第三十四条："县级以上人民政府及其他有关部门、地理信息主管部门应当加强地理空间信息和管理，地理信息服务平台更新建设数据，及时更新地理服务平台信息数据和水平。"提高地理信息服务平台基础服务能力和水平。(3)《广西南市县基础测绘"十四五"规划编制导则》。2.建设意义：(1)提升地理信息公共(公众)服务平台数据现势性，为"智慧平南"建设提供基础地理信息数据支撑保障。(2)促进公共地图产品数据资源共享共用，提升基础测绘成果多元化、大众化应用服务能力。	自治区自然资源厅要求
13		公共地图产品制作	编制政务工作用图(影像挂图等图种)。	80	80		20	20	20	20		自治区自然资源厅要求

续表

序号	重点工程名称	分期建设项目名称	建设内容	计划总投资	资金来源 县财政	实施年度计划					建设依据及建设意义	备注
						2021	2022	2023	2024	2025		
14	基础测绘管理与服务保障能力建设工程	基础测绘行政管理能力建设	（1）加强年度资质巡查、质量检查、保密检查、测绘市场检查、地图市场检查、安全检查巡查生产工作，建立五项检查检测制度。（2）加强活动和涉密测绘地理信息宣传保密培训，提高大众和从业者测绘地理信息成果合法使用和保密意识。（3）举办年度测绘技术培训班。	25	25	5	5	5	5	5	1.建设依据：（1）《中华人民共和国测绘法》第四条："县级以上地方人民政府测绘地理信息主管部门统一监督管理本行政区域的测绘工作的统一监督管理。县级以上地方各级人民政府其他有关部门按照本级人民政府规定的有关职责分工，负责本部门有关的测绘工作。"（2）《广西测绘管理条例》第二十三条："县级以上人民政府测绘地理信息主管部门应当加强对测绘成果汇交制度。自治区人民政府对测绘成果汇交的管理，依法实行测绘成果汇交制度。市、县级人民政府测绘地理信息主管部门组织实施本行政区域内的测绘成果汇交和保管。" 2.建设意义：（1）提升基础测绘行政监管能力。（2）提升社会大众和从业者对测绘地理信息成果的合法使用和保密意识，确保基础测绘成果使用和使用安全。（3）实现汇交成果入库和网上查询与提供的快速服务，提高基础测绘成果利用效率，避免财政资金的重复投入。	地方要求
15	基础测绘管理与服务保障能力建设工程	基础测绘成果汇交、管理、建库与能力共享服务建设	（1）建立《平南县基础测绘成果汇交与共享服务管理办法》，明确基础测绘成果汇交范围、管理职责和共享服务权利与义务。（2）加强对汇交成果的整理建库建设，建立平南县测绘成果汇交管理服务系统，包括软件、硬件基础设施建设和人才培养，实现基础测绘成果的快速建档、单位汇交成果的快速建档、入库和网上查询与提供服务。	60	60		30	10	10	10	1.建设依据：（略）… 2.建设意义：（1）提升基础测绘行政监管能力。（2）提升社会大众和从业者对测绘地理信息保密意识，确保基础测绘成果使用和使用安全。（3）实现汇交成果入库和网上查询与提供服务，提高基础测绘成果利用效率，避免财政资金的重复投入。	地方要求

续表

序号	重点工程名称	分期建设项目名称	建设内容	计划总投资	资金来源 县财政	2021	2022	2023	2024	2025	建设依据及建设意义	备注
16		基础地理信息数据改造试点生产	（1）研究提出基于已有基础实体库开展实体化改造试点建设。（2）开展现有基础地理信息数据向地理实体数据转换关键技术研究。（3）实现过渡时期已有基础地理信息数据的实体化生产。	100	100				100		1.建设依据:《广西市县基础测绘规划编制导则》在现状与形势、主要任务、重点工程中分别对县新型基础测绘试点工作，自治区"十四五"期间要求重点开展国家、自治区新型基础测绘采集进度市县新型基础测绘提出的"一个地理实体高精度采集一次"的原则，加快推进市县新型基础测绘前布局实体数据采集共建共享。2.建设意义:围绕新型基础测绘生产方式、作业方法、数据建设和服务模式开展试点研究，探索"一个地理实体只测一次"的市、县分级负责、省、县联动更新的地理实体集数据采集与应用服务，创新地理实体基础测绘模式前布局基础测绘转型升级。	自治区自然资源厅要求
17	新型基础测绘试点建设工程	基于高分辨率倾斜数据的地理实体数据试点生产	（1）研究利用高分辨率影像数据、激光LiDAR数据开展分要素、分区域地理实体数据生产试验。（2）按照"一个地理实体高精度采集一次"的原则进行试验区地理实体数据生产试验。	100	100					100		自治区自然资源厅要求
			合计	1883	1883	171	550	369	343	450		

2. PNGEOID 精化计算

开展平南县 1.5′×1.5′ 分辨率、整体优于 ±4 厘米精度（建成区及平原地区优于 ±3 厘米，丘陵、山地区域优于 ±6 厘米）的 PNGEOID 精化计算，实现实时和事后的 GNSS 大地高转换正常高计算，满足 1∶500 比例尺地形图碎部点 GNSS 高程测量精度要求。

3. 平南县现代测绘基准框架运维与应用服务

PNCORS + PNGEOID 组成平南县现代测绘基准框架。开展 PNCORS + PNGEOID 综合运营、维护和应用服务，增加网络 RTK 并发用户数量，积极拓宽行业应用领域，全面提升 PNCORS 综合服务能力。PNCORS 建成，将为平南县经济社会快速发展、各委办局涉及地理空间信息的业务开展提供与国家测绘基准相统一的高精度、三维大地测量基准成果服务。

4. 平南县 D 级 GNSS 控制网复测与更新

开展平南县 D 级 GNSS 控制网实地普查、复测与更新。每个乡镇布设 3 个 D 级 GNSS 控制点，建成区和经济开发区域适当加密布设，建成由约 80 个控制点组成的平南县 D 级 GNSS 控制网。与 PNCORS 进行联测和组网平差计算，保持 D 级 GNSS 控制网的有效性、现势性和基准一致性，满足农村房地一体化登记发证起算需要。

5. CGCS2000 推广应用

依法继续推进 CGCS2000 在各行业的应用，做好各专业部门开展 CGCS2000 成果转换和应用工作的技术指导，全面实现辖区测绘基准体系的统一。

6. 测量标志巡查与保护

对平南县辖区范围内的高等级控制点做好测量标志巡查与保护工作，每年定期巡查与维护。

（二）基础地理信息数据获取与更新工程

1. 卫星遥感影像获取能力建设

积极争取贵港市自然资源局支持，从自然资源广西卫星应用技术中心贵港分中

心 / 贵港节点获取平南县全域已有高分卫星遥感数据资源,初步搭建平南县航空航天遥感综合服务系统,作为辖区范围卫星遥感数据处理、建库与综合应用服务支持平台,全面提升平南县卫星遥感影像获取能力、数据快速处理能力与多任务应用服务保障能力。

实现平南县全域范围 0.5 米分辨率的卫星遥感影像数据每年更新一次,1 米分辨率的卫星遥感影像数据每半年更新一次,2 米分辨率的卫星遥感影像数据每季度更新一次。补充高光谱、多光谱、雷达影像等多类型遥感影像数据,满足生态保护修复、土地变更调查、专题监测、卫片执法督察等自然资源监管以及住建、交通、农业、林业、水利、电力等部门对多尺度、多时相遥感影像数据的需求。

2. 1 : 2000 比例尺 DOM 数据生产

采用大飞机或无人机组织全县范围 0.2 米分辨率的数码影像数据获取、1 : 2000 比例尺 DOM 数据生产,实现全域范围 1 : 2000 比例尺 DOM 自 2021 年起每两年更新一次的生产目标。计划"十四五"期间共获取 3 期 1 : 2000 比例尺 DOM 数据。

3. 1 : 500 比例尺 DOM、DLG 数据生产

采用低空无人机倾斜摄影测量、激光 LiDAR 等技术开展平南县建成区(约 35 平方千米,含经济开发区)、建制镇建成区(约 25 平方千米)优于 0.03 米分辨率的倾斜影像数据获取,开展 1 : 500 比例尺 DLG 和 DOM 数据生产。

4. 实景三维数据生产

综合利用低空无人机倾斜摄影测量、激光 LiDAR 所获取的多源数据,开展平南县建成区、建制镇建成区、经济开发区、产业园区约 60 平方千米的高精度实景三维数据生产。对接实景三维贵港建设成果,实现市、县实景三维数据共享。面向房地一体不动产登记、生态修复等自然资源管理业务开展实景三维数据应用推广。

5. 基础地理信息数据库建库与动态更新

开展年度基础地理信息数据库建库与维护。对年度生产的测绘基准建设成果以及 1 : 2000、1 : 500 比例尺 DOM 和 DLG,还有实景三维数据等基础地理信息数据进行检查入库,完成年度基础地理信息数据库更新与维护。按照《测绘地理信息管理工作国家秘密范围的规定》要求,对涉及国家秘密基础测绘成果严格按照分级保护要求规范进行涉密信息系统建设。

（三）"数字平南"地理信息公共（公众）平台建设工程

1. "数字平南"地理信息公共（公众）平台数据维护更新与推广应用

利用获取的倾斜影像数据源持续完善"数字平南"地理信息公共（公众）平台三维景观数据建设，提高地理信息公共服务平台数据的现势性与应用服务效能。

基于年度更新的基础地理信息数据库，做好各类应用服务数据库的优化与更新工作，不断扩充地理信息公共服务平台数据范围、丰富数据内容。在维护好已有应用示范项目基础上，每年推广应用1～2个应用示范项目，进一步提升公共平台在"智慧平南"建设的基础地理信息数据支撑保障能力。

坚持"天地图·平南"公益性服务导向，利用地理信息数据库资源着力提升"天地图·平南"县级节点数据现势性。加强在线地图服务能力建设，依托在线地图服务形成良好的在线地图应用生态圈，促进公众服务平台地图资源共享共用，满足大众对地理空间信息的应用需求。

2. 公共地图产品制作

基于最新的基础地理信息数据库资源，开发满足行政管理、社会事务管理和社会公众需求、实用方便的地图产品。编制政务工作用图（挂图），全面反映平南县自然资源、工程建设、生态旅游、社会经济、人文地理等基本情况，为政务工作宏观决策、综合管理、应对突发事件等提供清晰、可靠、科学的基础地理信息依据。

（四）基础测绘行政管理与保障服务能力建设工程

1. 基础测绘行政管理能力建设

加强平南县辖区范围测绘资质持证单位的年度资质巡查、质量检查、保密检查、地图市场检查、测绘生产安全检查工作，建立五项检查巡检制度。五项检查每年巡检一次，随机抽查面达20%以上。加强年度测绘法宣传活动和涉密测绘地理信息成果保密培训，提高大众和从业者的测绘地理信息成果合法使用和保密意识。每年组织1～2次测绘地理信息技术培训班，为辖区涉及地理空间信息业务的企事业单位提供技术支持服务。进一步完善保密管理机制和制度建设，对涉密测绘成果使用管理要强化过程监督检查，既确保安全保密也便于信息资源合理利用。

2. 测绘成果汇交、整理、建库与共享服务能力建设

出台《平南县基础测绘成果汇交管理与共享服务管理办法》,明确成果汇交范围、管理职责和共享服务权利与义务。加强对汇交成果的整理建库与共享服务能力建设,建立平南县测绘成果汇交管理服务系统,包括软件、硬件基础设施建设和人才培养,实现对行业单位汇交成果的快速建档、入库和网上查询与提供服务。

(五)新型基础测绘试点建设

在北斗导航卫星系统、"天空地"一体化遥感系统、地理信息系统、云计算等技术融合应用支撑下,按照自治区、贵港市提出的"一个地理实体高精度采集一次"的原则,加快推进平南县新型基础测绘技术体系建设前期研究。研究利用高分辨率倾斜影像数据开展分要素、分区域地理实体数据生产试验。

1. 基础地理信息数据库实体化改造试点生产

基于已有基础地理信息数据库开展实体化改造试点生产,实现过渡时期已有基础地理信息数据的实体化生产。

2. 基于高分辨率倾斜数据的地理实体数据试点生产

利用高分辨率倾斜影像数据、激光 LiDAR 数据,按照"一个地理实体高精度采集一次"的原则,开展分要素、分区域地理实体数据试点生产。

六、经费估算

(一)经费编制依据

平南县基础测绘"十四五"规划项目经费估算依据主要参照财政部、原国家测绘局、广西壮族自治区财政厅、原广西壮族自治区测绘局颁布的测绘生产成本费用定额等文件并结合当前测绘地理信息市场最新报价执行。经费编制依据有《测绘生产成本费用定额》《测绘生产困难类别细则》(财建〔2009〕17 号文件附件),《测绘工程产品价格》《测绘工程产品困难类别细则》(国测财字〔2002〕3 号文件附件),《广西壮族自治区事业单位工作人员收入分配制度改革实施意见》。

（二）经费估算

完成平南县基础测绘"十四五"规划编制的 5 个年度建设项目，项目经费估算总额为 1883 万元。平南县基础测绘"十四五"规划重点工程、分期建设投资估算具体情况详见前文表 2-1。

七、保障措施

（一）优化体制机制管理环境

严格执行《中华人民共和国测绘法》《基础测绘条例》和《广西壮族自治区测绘管理条例》等法律法规，依法推进基础测绘工作。紧紧围绕转变职能和理顺职责，进一步简政放权，优化职能设置。适时制定《平南县基础测绘成果汇交管理与共享服务管理办法》，明确基础测绘成果汇交、管理与共享具体要求，为促进平南县测绘地理信息事业可持续发展创造良好的政策环境。结合平南县经济社会发展、信息化和新型基础测绘体系建设需求，进一步完善测绘地理信息资质准入、市场监管和信用管理等政策。

（二）加强组织管理

平南县人民政府要从测绘地理信息事业发展全局的高度出发，充分认识基础测绘工作的公益性、重要性和必要性，切实加强对基础测绘工作的组织领导，明确责任单位职责，采取有效措施解决规划实施过程中出现的突出矛盾和问题。

平南县自然资源局充分履行作为县政府测绘行政管理机构的职责，按照统一、协调、有效的原则，认真履行县级基础测绘管理职责权限。建立健全基础测绘"十四五"规划实施保障机制，科学制订年度实施计划、项目库和实施方案，保证规划实施的层次性、系统性和连续性。统筹协调基础测绘规划年度项目的组织实施。提高管理人员的管理素质和专业水平，强化监管职责。完善基础测绘项目立项审查、设计审批、质量管理、项目执行监督、绩效考核等制度，确保规划目标和任务的顺利实施。引导基础测绘项目承担单位提高服务意识，提高基础测绘成果质量意识、保密意识和安全生产意识。进一步加强基础测绘项目生产过程监管，完善信用等级评价体系和公示制度。

（三）健全基础测绘投入机制

基础测绘投资主体是县级以上人民政府，基础测绘工作所需经费应由本级政府预算列支。根据基础测绘分级管理要求，结合平南县财政管理体制实际情况，实行基础测绘经费由县财政列支。建立和完善基础测绘经费使用绩效考评机制，对资金使用进行科学合理规划，提高基础测绘资金使用效率。

（四）加强人才培养与科技创新

加强基础测绘技术队伍建设，积极引进具有本科、研究生等学历的人才及高级职称人才。重点培养生产管理、技术管理、技术服务等方面人才，不断优化人才结构，培养一支高素质的测绘科技与技能人才队伍。推进测绘科技创新团队建设，支持青年科技人员参与或承担重大基础测绘项目，以重大项目带动人才的培养与成长。提升辖区测绘资质持证单位的业务水平、科技水平，进一步提高本地化民营企业的基础测绘项目参与度。

加强与高校和科研院所的技术合作与科技创新应用，加大对测绘新技术的投入，加快测绘内外业一体化技术研究，加快新型基础测绘生产流程试验与推广应用，培养一批集开发、应用、推广、服务于一体的测绘技术创新队伍。

（五）加强基础测绘成果宣传与推广应用

加强策划、沟通、协调，充分利用好新媒体与传统媒体资源，对平南县基础测绘取得的成果进行全方位宣传报道。积极主动向相关政府部门以及社会各界宣传基础测绘建设成果，通过举办成果展览、应用培训及合作开发等各种形式，推进基础测绘成果的深入应用，进一步扩大测绘地理信息影响力，营造基础测绘事业发展良好氛围。

研究建立基础地理信息应用服务新机制，加强需求调研和能力建设，提升基础地理信息资源的开发利用水平。以新体制环境下基础测绘全面融入自然资源整体布局为契机，进一步提高对生态、环境、资源等地理要素的获取能力，增强基础地理信息资源的实用性和适用性，进一步推进基础测绘成果在经济社会发展中的全方位应用。

八、编制说明

为进一步加强基础测绘工作，谋划改革、找准定位、布局发展、促进转型，全面提升基础测绘服务自然资源"两统一"职责的能力和水平，平南县委、县政府印发《平南县"十四五"规划编制工作方案》，明确《平南县基础测绘"十四五"规划》作为县级专项规划编制任务，由平南县自然资源局牵头编制，联合平南县发展和改革委员会上报平南县人民政府批准实施。

（一）前期工作准备

按照《平南县基础测绘"十四五"规划》编制工作部署，平南县自然资源局成立规划编制工作领导小组，负责对规划编制涉及的重大问题进行决策研究。规划编制工作领导小组下设规划编制办公室，负责规划编制日常工作和组织管理。

2020 年 5—6 月，平南县自然资源局向平南县财政局申请并落实了规划编制专项工作经费。期间，规划编制办公室进行区内外调研，了解规划编制队伍情况。2020年 7 月初，确定规划编制承担单位为南宁师范大学，具体负责规划编制工作实施。规划编制过程中涉及资料收集、座谈调研、问题协调与处理等，由南宁师范大学和规划编制办公室共同完成，以下统称为编制小组。

（二）需求调研与资料收集分析

2020 年 7—8 月，编制小组开始收集国家、自治区、贵港市有关基础测绘"十四五"规划编制的法律、法规和政策性、指导性文件，研究提出平南县"十四五"时期基础测绘的发展目标、指导原则、专项任务、重大课题。结合平南县经济社会发展需求，开展规划实施年度目标和工作任务总体设计，形成《平南县基础测绘"十四五"规划》编制工作的基本思路。

7 月上旬，编制小组组织辖区主要委办局涉及基础测绘成果应用需求的直属单位以及行业测绘资质持证单位进行"十四五"期间基础测绘成果保障服务需求座谈调研，认真听取与会人员的需求、意见和建议，充分了解各行业单位对基础测绘成果的服务需求。编制小组多次向贵港市自然资源局进行请示汇报，征求其对《平南县基础测绘"十四五"规划》编制的意见和建议。其间，多次到辖区相关单位调研，收集已有基础测绘成果资料并进行分析研究。通过对平南县现有基础测绘成果及行业需求进行系统分析，形成《平南县基础测绘"十四五"规划编制调研座谈会议纪要》和

《平南县基础测绘"十四五"规划编制工作方案》，全面指导本规划的编制工作。

编制小组通过认真研究国家、自治区有关"十四五"基础测绘规划政策文件，掌握国家提出的新型基础测绘发展方向和"十四五"时期自治区基础测绘规划的重点任务，进一步明确本次规划编制的目标及任务，细化"十四五"时期年度重点工程任务安排，开展规划文本编制与重大课题研究，力求规划编制成果能够科学指导今后五年平南县基础测绘任务的组织实施，同时符合自治区提出的"十四五"时期新型基础测绘系统技术发展方向。

（三）规划文本编制内容设计

编制小组在全面总结平南县"十三五"时期基础测绘规划实施成效和存在问题，充分开展"十四五"时期基础测绘成果服务需求调研的基础上，根据《广西市县基础测绘"十四五"规划编制导则》所提出的"十四五"时期市县基础测绘发展目标、主要任务和重点工程建设指导性意见，开展《平南县基础测绘"十四五"规划》文本编制。

《广西市县基础测绘"十四五"规划编制导则》明确提出，市县基础测绘"十四五"规划编制主要内容应包含本地区基础测绘基本情况、"十四五"面临的形势、指导思想、基本原则、发展目标、主要任务、重点工程、保障措施等。参照导则中提出的规划文本编制内容要求，《平南县基础测绘"十四五"规划》文本由总则、现状与形势、总体要求、主要任务、重点工程、项目经费估算、保障措施等内容组成。

1. 总则

该部分主要陈述《平南县基础测绘"十四五"规划》编制的背景、目的、指导思想、编制依据、规划编制范围与规划期限。

2. 现状与形势

该部分重点陈述《平南县基础测绘"十三五"规划》的实施成效、现有基础测绘成果现状和存在的不足，分析"十四五"时期基础测绘发展形势与挑战。

在充分开展需求调研和已有资料收集分析的基础上，全面总结了平南县"十三五"时期在基础测绘管理体制机制、测绘基准体系建设、基础地理信息生产与更新、基础测绘服务保障能力建设等方面取得的实施成效。同时，指出"十三五"时期基础测绘实施存在的不足，主要表现为现代测绘基准体系建设有待完善、基础地理信息数据获取与更新能力不足、基础测绘成果应用广度和深度不够、测绘专业技术人才缺乏、基础测绘经费投入机制尚需完善。

针对"十四五"时期基础测绘发展形势与挑战，就基础测绘科技创新、基础测绘产品多元化发展和测绘地理信息服务模式创新发展等方面进行了阐述，结合国家和自治区提出的新型基础测绘体系建设目标，进一步明确平南县"十四五"期间基础测绘发展方向。

3. 总体要求

该部分明确本规划编制基本原则和发展目标。强调《平南县基础测绘"十四五"规划》编制过程中要加强统筹协调，广泛征求部门、行业的意见和建议；要通过科技创新、人才培养，进一步促进平南县基础测绘转型升级；要强化主动服务理念，以需求为牵引，完善公共服务体系；要加强基础测绘基础设施建设，进一步提升基础测绘成果综合服务能力。同时，提出了到 2025 年的建设目标（详见主要任务和重点工程）和到 2035 年的远景目标。

4. 主要任务

该部分按照《广西市县基础测绘"十四五"规划编制导则》的指导意见，充分考虑平南县基础测绘发展现状、"十四五"期间经济社会建设和发展目标，为更好地支持自然资源"两统一"业务管理和各行业工作开展，更好地服务生态文明建设，就基础测绘事业发展和成果应用服务提出了 6 个主要任务：测绘基准建设与维护、航空航天遥感影像统筹获取能力建设、基础地理信息数据生产和更新、基础地理信息数据库及公共（公众）平台建设、实景三维测绘、新型基础测绘试点建设。

规划设计的 6 个主要任务既符合平南县"十四五"期间经济社会发展的实际需要，又充分考虑了与《贵港市基础测绘"十四五"规划》所提出的重点建设任务相对应，确保市、县（市）两级基础测绘事业发展步调一致。

5. 重点工程

该部分根据《平南县基础测绘"十四五"规划》6 个主要任务建设目标，规划了测绘基准建设与维护工程、基础地理信息获取与更新工程、"数字平南"地理信息公共（公众）平台建设工程、测绘行政管理与服务能力建设工程、新型基础测绘试点建设工程等 5 个重点工程。在此基础上设计了 17 个基础测绘建设与行政管理项目，按项目建设需求紧急程度分五年组织实施。

6. 项目经费估算

该部分列出《平南县基础测绘"十四五"规划》编制中的 5 个年度建设项目所需经费，其中包括重点工程所需经费、分期建设投资所需经费。

7. 保障措施

该部分从优化体制机制管理环境、加强组织管理、健全基础测绘投入机制、加强人才培养与科技创新、加强基础测绘成果宣传与推广应用等方面提出保障规划实施的相关措施，确保《平南县基础测绘"十四五"规划》按计划有序落地实施，更好地服务平南县经济社会发展、自然资源"两统一"业务管理和各部门各行业工作开展。

（四）重大专项课题研究

结合平南县经济社会发展需求和当前基础测绘发展现状，围绕平南县新型基础测绘体系转型升级的全局性、前瞻性和关键性重大问题设置了三个重大专项课题开展研究。

1. 平南县现代测绘基准建设与维护研究

该课题根据平南县现代测绘基准建设现状、经济社会发展对高精度导航定位的需求，研究开展 PNCORS 升级改造和 PNGEOID 精化计算。按照"基础设施 + 系统平台 + 基准服务"总体思路，提出平南县现代测绘基准体系基础设施建设和维护的重点任务，构建与自治区级测绘基准统一的空间定位基准和空间数据获取平台，全面提升 PNCORS 综合服务能力。

2. 平南县航空航天遥感测绘体系建设研究

该课题结合平南县大比例尺基础图件的现势性和服务效能，采用低空无人机（搭载多源传感器）航摄技术开展 1 ∶ 500 ～ 1 ∶ 2000 基本比例尺数字化产品的快速测制与更新技术流程研究。提出基于自然资源广西卫星应用技术中心贵港分中心 / 贵港节点获取平南县全域已有高分卫星遥感数据资源，初步搭建卫星遥感数据处理、建库与综合应用服务支持平台，全面提升平南县卫星遥感影像获取能力与多任务应用服务保障能力。

充分利用全区卫星遥感影像统筹数据资源，按季度补充获取本地区优于 2 米、1 米、0.5 米分辨率的光学影像以及高光谱、多光谱、雷达影像等多类型遥感影像。充分利用低空无人机（搭载多源传感器）航摄技术开展大比例尺基础地理信息数据生产和实景三维建模,加快替代传统全野外数字化测图技术。

3. 平南县新型基础测绘体系建设研究

该课题提出基于已有基础地理信息数据库开展实体化改造试点建设,开展现有基础地理信息数据向地理实体数据转换关键技术研究,实现过渡时期已有基础地理信息数据的实体化生产。研究综合利用倾斜摄影测量、激光 LiDAR 等技术,对平南县建成区、建制镇中心区开展高精度地理实体数据生产,对接自治区级地理实体建设成果,实现省、市、县(市)分级生产和数据共享。

通过对三个重大专项课题开展研究,借鉴区内外先进技术经验,为平南县"十四五"基础测绘项目组织实施提供技术支撑,扎实推动平南县新型基础测绘高质量发展,为履行好新形势下基础测绘为经济建设、国防建设、社会发展和生态保护服务的法定职责奠定基础。

(五)与上级规划和本级相关规划衔接情况

1. 与《广西壮族自治区国民经济和社会发展第十四个五年规划和二〇三五年远景目标纲要》衔接

2020 年 12 月 10 日,中国共产党广西壮族自治区第十一届委员会第九次全体(扩大)会议通过了《广西壮族自治区国民经济和社会发展第十四个五年规划和二〇三五年远景目标纲要》。其中,提出了"十四五"期间广西要加快数字广西建设、促进资源节约高效利用。明确提出要发展壮大地理信息、遥感、北斗产业,打造一批数字经济龙头企业和数字产业集群;加强数字社会、数字政府建设,提升公共服务、社会治理、边境管控等数字化智能化水平;提升全民数字技能,实现信息服务全覆盖;落实自然资源资产产权制度和法律法规,加强自然资源调查评价监测和确权登记。规划提出的 6 个主要任务与《广西壮族自治区国民经济和社会发展第十四个五年规划和二〇三五年远景目标纲要》提出的有关加快数字广西建设、促进测绘地理信息产业发展、全面实施自然资源产权管理工作目标相一致。

2. 与《广西市县基础测绘"十四五"规划编制导则》衔接

规划编写过程中,编制小组以《广西市县基础测绘"十四五"规划编制导则》提出的市县级"十四五"基础测绘规划主要内容和重点工程为参考框架,在综合考虑当前平南县基础测绘建设现状、存在问题和"十四五"基础测绘发展目标、成果服务需求的基础上，组织开展规划文本编写、重点工程规划设计和重大课题研究。规划编制的 6 个主要任务、5 个重点工程和 17 个项目都是依据《广西市县基础测绘"十四五"规划编制导则》的要求并结合地方经济社会发展需要提出的，既具有实际应用价值，又具有可操作性。

3. 与《平南县国民经济和社会发展第十四个五年规划和二〇三五年远景目标纲要》衔接

《平南县国民经济和社会发展第十四个五年规划和二〇三五年远景目标纲要》是编制专项规划、区域规划、空间规划的指导性文件。纲要印发后，编制小组认真研读并对本规划编制内容进一步完善。

纲要中提出了"十四五"期间，要加快"数字平南"建设，以"智慧平南"建设为契机，以云计算技术创新为支撑，以高效绿色数据中心建设为抓手，积极推动不同行业大数据的聚合、大数据与其他行业的融合，培育打造完整的云计算与大数据产业链。促进传统产业数字化转型，推动数字技术在一二三产业中深度融合应用，有力驱动实体经济加速发展。要夯实数字化发展基础，构建完善数据资源共享开放体系，加快基础数据库及重点领域主题数据库建设，建立健全政务数据共享交换常态化管理机制和动态更新机制。

纲要中提出构建"主体功能清晰、开发重点突出、核心带动有力、扩散效应明显"的"一核一轴两带三区"空间布局。高标准打造西江、乌江"两江四岸"特色景观带，建设宜业宜居宜乐宜游生态滨江城市。到"十四五"期末，平南县县域城镇建设用地规模达到 60 平方千米，县城建设用地达到 35 平方千米。

加强国土空间开发保护，明确提出：要充分发挥国土空间规划在规划体系中的基础性作用，实现国土空间开发保护更高质量、更有效率、更加公平、更可持续。

本规划提出的测绘基准建设与维护工程、基础地理信息获取与更新工程、"数字平南"地理信息公共（公众）平台建设工程、测绘行政管理与服务能力建设工程、新型基础测绘试点建设工程等 5 个重点工程，为全面落实纲要提出的加快"数字平南""智慧平南"建设、加强国土空间开发保护提供基础地理空间数据支撑。

4. 与《平南县国土空间总体规划（2020—2035）》衔接

规划文本在重点工程项目实施范围设计，特别是在基础地理信息获取与更新工程项目规划实施范围设计工作中，已充分与《平南县国土空间总体规划（2020—2035）》编制的城镇开发边界进行衔接。

基于第三次全国国土调查数据（2019 年）和卫星影像资料勾出平南县建成区、开发区和各乡镇建成区开发边界范围，作为建成区范围的参考数据。以《平南县国土空间总体规划（2020—2035）》划定的城镇开发边界范围作为约束，结合《平南县国民经济和社会发展第十四个五年规划和二〇三五年远景目标纲要》提出的到"十四五"期末，平南县县域城镇建设用地规模达到 60 平方千米（与纲要提出的县域城镇建设用地规模对应），县城建设用地达到 35 平方千米，县城城区常住人口达到 50 万左右的总体发展规模，推算到 2025 年平南县各乡镇建成区的发展范围。以此为依据，制定 1∶500 比例尺 DOM、DLG 生产项目规划范围，确保本规划获得的基础测绘成果能够支撑平南县经济社会发展对基础测绘地理信息成果的应用需求。

（六）各委办局、企事业单位、测绘资质持证单位征求意见情况说明

2021 年 4 月中旬，编制小组完成规划文本（征求意见稿）编制工作后，由规划编制办公室向县发展和改革局、县财政局、县工业和信息化局、县国家保密局、县生态环境局、县大数据发展和政务局、县应急管理局、县住房和城乡建设局等委办局、企事业单位、测绘资质持证单位和自然资源系统内部单位发出《关于征求平南县基础测绘"十四五"规划（征求意见稿）修改意见的函》，征求意见时间为 2021 年 4 月 25—28 日，对《平南县基础测绘"十四五"规划》文本、编制说明及规划图件征求修改意见。

发出 72 份征求意见稿，共收回 65 份复函。收回反馈意见后，编制小组根据反馈意见进行了深入研究，对符合实际情况的修改意见进行了修改完善，对不予修改的意见进行了解释。

2021 年 5 月中旬，完成规划文本（评审稿）及相关成果的编制工作。

（七）专家评审情况说明

2021 年 5 月 27 日，平南县自然资源局组织召开《平南县基础测绘"十四五"规划》验收会，邀请区内测绘地理信息及相关领域专家对规划文本、编制说明、重大课题研究报告和规划图件进行评审论证。根据专家和与会人员提出的评审意见进一步修改完善，2021 年 6 月初形成《平南县基础测绘"十四五"规划》编制成果。

（八）县人民政府常务会审议说明

平南县自然资源局按照《平南县"十四五"规划编制工作方案》要求，向平南县人民政府请求予以印发实施《平南县基础测绘"十四五"规划》。2021 年 11 月 1 日，平南县人民政府正式批准《平南县基础测绘"十四五"规划》印发实施。

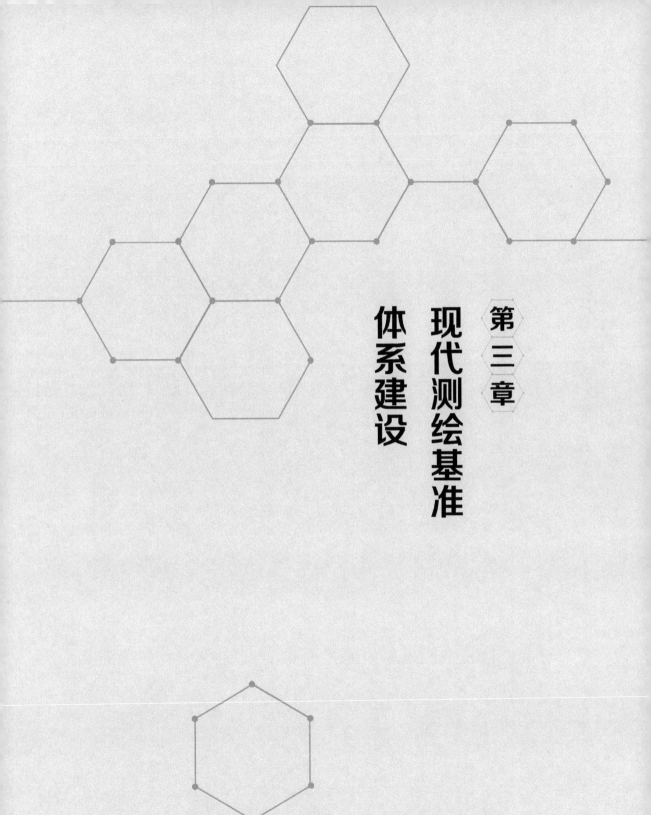

第三章

现代测绘基准体系建设

一、研究背景

测绘基准是服务国民经济、社会发展、生态文明、国家安全以及信息化建设的重要测绘基础设施。中华人民共和国成立后，我国传统测绘基准经过了 50 多年的发展，在国民经济建设、社会发展和国防建设各方面发挥了重要作用。随着经济建设和社会加快发展，受人为因素和自然因素的影响，传统测绘基准基础设施遭受破坏日趋严重，导致传统测绘基准体系提供的测量成果精度低、现势性差、服务能力下降。因此，亟须建立现代测绘基准体系，以满足当前我国经济社会发展、航空航天事业发展、国家信息化建设和国防安全建设对测绘基准体系成果高精度、三维、实时在线服务的需求。

现代测绘基准体系是传统测绘基准的继承和发展。2008 年 7 月 1 日，我国正式启用 CGCS2000。截至 2018 年底，全国国土资源、住建等主要行业系统完成本系统已有测绘成果的 CGCS2000 转换。为深化我国自主坐标基准建设及维持能力，国家、省（自治区）、市三级正在开展兼容北斗的卫星定位综合服务系统构建及维持，提高兼顾陆海统一的覆盖能力，直接为自然资源"两统一"职责提供统一、权威、高精度、实时、三维地心基准服务。

随着高精度 GNSS 技术发展，已实现了全球化、全天候、快速提供高精度三维地心坐标服务。GNSS 技术直接测量得到的是 CGCS2000 地心参考椭球的大地高，与我国现行 1985 国家高程基准存在系统偏差。因此，需要研究并建立起厘米级精度的区域似大地水准面模型（GEOID），解决 GNSS 大地高快速转换 GNSS 正常高的系统偏差问题，最终实现基于 CORS+GEOID 的现代测绘基准成果快速传递服务。

《全国基础测绘中长期规划纲要（2015—2030 年）》明确提出了我国基础测绘发展的主要任务是，加强现代测绘基准基础设施建设，形成覆盖我国全部陆海国土的大地、高程和重力控制网三网结合的高精度现代测绘基准体系，提升北斗全球卫星导航定位系统测绘服务能力。"十四五"时期，我国提出全面实施新型基础测绘体系建设，这与国家、自治区现代测绘基准基础设施建设相对应，各市、县要抓快推进本级现代测绘基准建设与维护。

现代测绘基准体系建设专题研究以平南县现代测绘基准建设与维护为例，在充分分析平南县测绘基准建设现状和存在问题的基础上，认真研究"十四五"时期现代测绘基准技术发展形势，同时结合平南县经济社会发展对测绘基准成果服务保障的客观需求，按照"基础设施＋系统平台＋基准服务"总体思路，建设兼容北斗的卫星定位综合服务系统，精化区域似大地水准面模型，构建与国家、自治区统一基准的权威、高精度、实时的三维测绘基准维持系统，提供高精度、实时、可靠、安全的在线或离线的测绘基准成果服务；同时，兼顾常规控制测量的需要，加密布设 D级 GNSS 控制网，以满足"十四五"时期和到 2035 年经济社会发展、智慧城市建设、生态文明建设、国防安全建设、自然资源确权与管理对高精度大地基准和高程基准的服务需求。

二、发展现状与需求分析

（一）国内外技术发展现状

1. GNSS 技术发展

GNSS 是随着现代科学技术发展而建立起来的，以导航卫星为动态已知点的新一代空基无线电导航定位系统，能够在地球表面或近地空间的任何地点为用户提供全天候的三维坐标、速度以及时间信息服务。GNSS 泛指所有的卫星导航系统，包括全球的、区域的和增强的卫星导航定位系统。目前，具备全球导航定位服务能力的GNSS 包括美国 GPS、俄罗斯 GLONASS、欧盟 GALILEO 和中国 BDS。

GNSS 已在航空、航海、通信、人员跟踪、消费娱乐、测绘、授时、车辆监控管理和汽车导航与信息服务等方面得到了广泛应用，总的发展趋势是为实时应用提供高精度三维定位、导航、授时服务。新款 GNSS 接收机具备同时接收 GPS、GLONASS、GALILEO、BDS 多星多模信号，有效提高了导航、定位精度和适用性。

（1）美国 GPS 技术发展。GPS 是 20 世纪 70 年代由美国陆海空三军联合研制的新一代空间卫星导航定位系统。历时 20 余年，于 1994 年全面建成 GPS。GPS 空间部分由 24 颗工作卫星组成，分布在互呈 30° 的 6 个倾角为 55° 的倾斜轨道面上，轨道高度约为 20200 千米。目前，GPS 已经运行了 20 多年，在其整个历史过程中不断更新，以满足不同类别的民用和军用的需要。

美国为保持其军事优势，正在发展第三代 GPS，2018 年 12 月美国"猎鹰 9 号"火箭成功将首颗第三代 GPS 卫星带入指定轨道，第三代 GPS 由 32 颗卫星组成，计划在 2023 年完成系统的组建。第三代 GPS 开放第二个民用 GPS 信号（L1C），更容易在城市高楼林立的环境、茂密的森林甚至地下室内进行接收，抗干扰能力提升了 8 倍。

此外，通过对 L1C/A 与 L1C 一起处理，可在不依赖其他信息源的情况下补偿电离层延迟，定位更精准，配合最新改进的用户设备，第三代 GPS 把第二代 GPS 的民用定位精度由 3 米提升至 1 米。

第三代 GPS 还有第三个新的民用信号（L5），也被称为"生命安全"信号，主要用于航空和运输。L5 的信号强度是 L1C 信号的两倍，更容易接收，具有更大的带宽，可以在大范围内操作，并具有增强的信号结构，可以携带更多的数据。第三代 GPS 结合改进的地面控制和用户导航设备，可在抗干扰、安全性、精度、可用性和协调、导航的完整性等方面提供更好的性能。

（2）俄罗斯 GLONASS 技术发展。格洛纳斯卫星导航系统（Global Navigation Satellite System，GLONASS）是 20 世纪 70 年代由苏联提出建设的，1982 年 10 月成功发射第一颗卫星。1996 年 GLONASS 卫星数量达到 24 颗，正式进入完全服务时期。2002 年 GLONASS 卫星数量最低减少至 7 颗。从 2003 年开始，GLONASS 又进入复苏阶段，以每年差不多发射 6 颗卫星的速度恢复。到了 2011 年 12 月，GLONASS 又恢复到 24 颗卫星的完全工作状态。

GLONASS 卫星分布在 3 个圆形轨道面上，轨道高度 19100 千米，倾角 64.8°；使用频分多址（FDMA）方式，每颗卫星广播 2 种载波信号（L1 和 L2）。俄罗斯对 GLONASS 采用军民合用、不加密的开放政策，其单点定位精度水平方向为 16 米，垂直方向为 25 米。GLONASS 导航定位误差一直在改善，目前已达到 1 ~ 2 米。

（3）欧盟 GALILEO 技术发展。伽利略全球导航卫星系统（Galileo Satellite Navigation System，GALILEO）由欧盟开发，目的是确保欧盟成员国在协调和导航方面的独立性。1994 年欧盟正式批准 GALILEO 建设，决定分两步实现。第一步，建立现有 GPS 的补充系统，该方案称为欧洲静地星导航重叠服务（EGNOS）。第二步，建立自己的系统 GALILEO，提供一个高效的民用导航及定位系统。

GALILEO 设计由 27 颗卫星构成，包括 24 颗运行卫星和 3 颗备用卫星（每个轨道上 1 颗备用卫星）呈"S"形分布在 3 个圆轨道上。卫星高度为 23222 千米，运行周期为 14 小时，轨道间倾斜 56°。2011 年 10 月，"伽利略计划"的首批 2 颗卫星从位于法属圭亚那的库鲁航天中心成功发射升空。至 2016 年 12 月，GALILEO 在轨卫星达到 18 颗，GALILEO 正式投入使用。

（4）中国 BDS 技术发展。BDS 是我国自行研制、独立运行的全球卫星定位与通信系统，也是继 GPS、GLONASS 之后的第三个成熟的全球卫星导航系统。BDS 由空间段、地面段和用户段三部分组成。空间段采用地球静止轨道（GEO）、倾斜地球同步轨道（IGSO）及中地球轨道（MEO）混合星座设计，可在全球范围内全天候、全天时为各类用户提供高精度、高可靠定位的导航、授时服务，同时具备短报文通信能力。BDS 空间段卫星分布如图 3-1 所示。

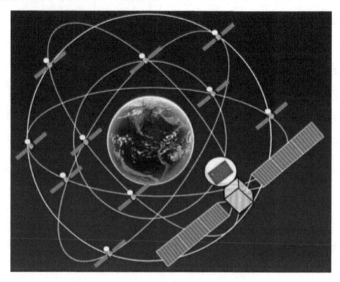

图 3-1　BDS 空间段卫星分布示意图

BDS 按照三步走发展战略实施。第一步，建设北斗一号系统，实现卫星导航从无到有。1994 年启动，2000 年建成北斗双星系统，向中国地区提供服务。第二步，建设北斗二号系统，实现无源定位。2004 年启动，2012 年底建成，向亚太地区提供服务。这一阶段共完成 14 颗卫星发射组网，其中包含 5 颗地球静止轨道（GEO）卫星、5 颗倾斜地球同步轨道（IGSO）卫星和 4 颗中圆地球轨道（MEO）卫星。第三步，建设北斗三号系统，实现全球组网。2009 年启动，2020 年全面建成 BDS，向全球提供服务。

2020 年 6 月 23 日，第 55 颗北斗三号卫星成功发射，我国提前半年全面完成北斗三号全球卫星导航系统星座部署。2035 年，我国将建成以 BDS 为核心，更加泛在、更加融合、更加智能的国家综合定位导航授时体系，进一步提升时空信息服务能力，实现北斗高质量建设发展。BDS 具有实时导航、快速定位、精确授时、位置报告和短报文通信服务五大功能。其导航精度对外发布是 10 米，实际测试精度为 2 ～ 3 米，最好精度优于 2 米，测速精度为 0.2 米 / 秒，授时精度为 10 纳秒。

2020 年 7 月 31 日，中国向全世界郑重宣告，中国自主建设、独立运行的北斗三号全球卫星导航系统已全面建成，开启了高质量服务全球、造福人类的新时代。BDS 已被广泛应用到城市规划、测绘、自然资源调查、水利、交通运输、海洋渔牧业、地球环境监测等领域，尤其是在森林防火、减灾救灾等涉及公共安全领域的作用更为突出。可以预见，BDS 必将推进我国高精度空间定位技术快速发展。

2. CORS 系统建设进展

GNSS 技术已被深入应用到军民各领域，其单点导航精度整体达到 5 米左右。随着 5G、物联网、车联网和无人驾驶等技术的快速发展，分米级甚至厘米级的高精度导航需求日益迫切。为此，各国提出了 GNSS 增强系统，通过地基增强系统、星基增强系统和机载增强系统来提升终端导航定位精度和完好性，以期实现分米级甚至厘米级的高精度导航。其中，地基增强系统就是利用 CORS 系统向用户播发 GNSS 差分修正信息的增强系统，即建立全球网、国家网、省市级网（区域网）或工程网 CORS系统，实现全天候的高精度、实时导航定位服务。

（1）全球网 CORS 系统建设。国际 GNSS 服务（IGS）是国际大地测量协会（IAG）为支持大地测量和地球动力学研究而成立的国际协作组织，其前身为 1993 年组建的国际 GPS 服务。IGS 负责全球网 CORS 系统建设，通过选取各国建立在基岩上的 CORS 基准站组成，主要提供跟踪站 GNSS 观测资料和 IGS 产品，为大地测量和地球动力学研究服务。截至 2020 年底，全球 IGS 跟踪站网建站已达近 3000 个。我国有长春、乌鲁木齐（2 站）、北京（2 站）、西安、武汉（2 站）、上海、拉萨、昆明、香港（2 站）、台北（2 站）和高雄等 16 个台站，建立了武汉大学分析中心。

（2）国外主要国家网 CORS 系统建设。1994 年，美国 GPS 系统建成并提供导航定位服务，为美国连续运行参考站系统的建立奠定基础。1995 年，加拿大最早建立了由多个 CORS 基准站点组成的 CORS 系统。受当时的网络技术和计算机技术制约，各 CORS 基准站之间尚未实现实时数据交换和解算，主要用于卫星大地控制网测量和地球板块运动监测。

随着互联网技术、计算机信息技术等快速发展，CORS 系统逐渐演变为各个基准站相互连接、实时数据通信、数据中心实时数据处理、监控，能够提供实时厘米级 RTK 服务和事后毫米级精密定位服务的综合性系统。

经过 20 多年的发展，国外具有代表性的 CORS 系统主要有美国连续运行参考站系统、德国卫星定位服务系统、日本 GPS 连续运行参考站网系统。

美国连续运行参考站系统是由美国国家大地测量局负责组织协调的一个合作运行网络。该系统由政府、公司、大学、研究机构和私人组织等 200 多个不同机构合作建设（数据向合作组织开放），拥有 1900 多个 GPS 连续运行参考站。该系统主要为全美领域内的用户提供实时厘米级的定位和导航服务，监测地壳变形、监测大气层、支持遥感应用等。

德国卫星定位服务系统是德国国家测量主管部门联合德国测量、运输、建筑和国防等多个部门建立的一个长期连续运行的差分 GNSS 定位和导航服务系统。该系统现有 200 多个永久性 GNSS 参考站，平均站间距离 40 千米，是德国国家动态大地测量框架的基础。该系统可以提供不同精度的定位服务：一是实时导航服务，精度为 0.5 ~ 3 米；二是高精度实时定位服务，精度为水平 1 ~ 2 厘米，垂直 2 ~ 6 厘米；三是高精度大地定位服务，精度优于 1 厘米。

日本 GPS 连续运行参考站网系统由日本国家地理院建设和管理，拥有近 1200 个 GPS 连续运行参考站，覆盖了日本本土，站点的平均密度为 20 千米，是目前世界上密度最高的 GPS 连续运行参考站系统。该系统主要用于监测地壳运动、地震与火山预报方面，同时也被广泛应用于提供卫星导航定位服务、大地测量、气象预报、工程的变形监测、车辆监控、地理信息资讯等多个领域。

澳大利亚地学研究中心运维了 100 多个 CORS 基准站，包括澳大利亚区域 GNSS 网（ARGN）、南太平洋区域 GNSS 网（SPRGN）和澳大利亚资助建设站点，主要用于澳大利亚空间基准建设与维持、地壳动力学、海平面等方面的研究。

（3）中国国家 CORS 系统建设。2012 年，国家测绘地理信息局启动了国家现代测绘基准体系基础设施建设一期工程，建立了由 360 个国家 GNSS 连续运行基准站组成的覆盖全国范围、站点分布相对均匀的中国国家 CORS 系统。中国国家 CORS 基准站点分布如图 3-2 所示，其中，绿色点表示已有 150 个 CORS 基准站，黄色点表示新建和改造的 210 个 CORS 基准站。

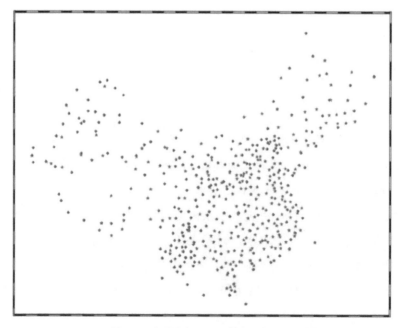

图 3-2 中国国家 CORS 基准站点分布示意图

中国国家 CORS 基准站网作为最高等级的国家大地基准框架，主要负责维持国家三维地心坐标框架和地心坐标系统，提供省级和区域的高精度测量基准传递服务。虽然我国已初步建成国家级连续运行基准站网，但是严格意义上的国家级 CORS 还未完全形成，仍在整合和发展中。可以预见，随着我国北斗三号全球卫星导航系统的全面建成，全国各行业大规模的推广应用，必将加快中国国家 CORS 的建设步伐。

（4）国内省（自治区）、市级 CORS 系统建设。自 2000 年开始，为了满足城市经济建设的需要，我国经济发达城市先后开展 CORS 系统建设。最早在深圳、北京、上海、香港、武汉等城市建成了具有网络 RTK 功能的 CORS 系统。深圳 CORS 系统（SZCORS）是我国首个市级 CORS 系统，于 2001 年 9 月建成并投入试验和试运行。SZCORS 由 5 个 CORS 基准站、系统控制中心、数据中心、用户应用中心、数据通信等子系统组成，采用虚拟参考站技术进行差分数据解算，通过 GSM 通信方式提供网络 RTK 实时定位差分数据服务，通过 HTTP、FTP 等访问方式提供事后精密定位服务。

自 2005 年开始，随着 CORS 技术逐渐成熟和经济建设对地理空间信息的需求不断扩大，广东、江苏、广西、湖南、浙江、山东等率先开展省（自治区）级 CORS 系统建设。截至 2020 年底，全国 34 个省级行政区已先后建设 CORS 系统。

2006 年，广西壮族自治区测绘局在南宁市开展 GXCORS 试点项目——南宁 CORS 系统建设。按照分期分批建设应用方案，前后历时 10 年建成由 102 座 CORS 基准站组成，同时兼容 BDS、GPS、GLONASS 和 GALILEO 多卫星系统的 GXCORS。结合广西区域似大地水准面成果，构建形成陆海统一的广西现代测绘基准框架，提供实时米级、亚米级、厘米级精度的卫星导航位置服务和事后毫米级的高精度定位服务。

随着 CORS 技术日趋成熟，基础设施成本逐渐降低，用户需求日益增大，各省区经济发展较快的地级市（尤其是省会城市）根据经济社会发展的需要加快开展 CORS 系统建设，作为地市级大地测量参考框架为各行业提供厘米级精度的网络 RTK 服务和毫米级精度的事后高精度测量服务。

2007 年开始，广西各设区市的测绘、国土、勘测规划等行业单位根据各自专业工作的需要，先后独立开展市、县级 CORS 系统建设，这些专业 CORS 系统各自独立运行维护。目前，仅有南宁市、北海市、崇左市、百色市、柳州市自然资源系统的 CORS 基准站点纳入与 GXCORS 联网，实现自治区、市 CORS 基础设施共建和数据共享。

"十四五"期间，市、县级 CORS 基础设施建设必然成为 GNSS 技术应用发展热点，同时也是 CGCS2000 推广应用、现代测绘基准体系基础设施建设的重点工程。由市、县人民政府主导的基于"CORS+GEOID+Service Platform"的现代测绘基准体系建设，将为地方城市规划、自然资源、测绘、交通、气象、地震、水利、林业、商业、旅游、防灾减灾等领域和行业提供权威、高效、高精度、三维导航定位信息服务。

3. 国内外地心坐标系统及参考框架建设现状

（1）国际地球参考系统与国际地球参考框架。国际地球参考系统（ITRS）是国际上精度最高、稳定性最好的全球性地心坐标系，其定义的坐标系原点位于地球质心。国际地球参考框架（ITRF）是 ITRS 的具体实现之一，被大多数地学研究机构所采用。

ITRF 通过全球 IGS 站速度场归算进行维持，自建立以来一直在不断更新与完善。自 1988 年起至今，ITRS 已经发布了 ITRF1988、ITRF1989、ITRF1990、ITRF1991、ITRF1992、ITRF1993、ITRF1994、ITRF1996、ITRF1997、ITRF2000、ITRF2005、ITRF2008、ITRF2014 等 13 个全球地心坐标参考框架，为全球环境监测与科学研究提供高精度、动态地心参考框架。

（2）全球地心大地坐标系与地心参考框架。20 世纪中后期，随着空间大地测量技术快速发展，各国基于传统大地测量技术建立的参心大地坐标系已无法满足空间大地测量的精度要求。为此，各国先后建立了以地球质量中心为总参考椭球中心的全球地心大地坐标系及地心参考框架。

美国国防部在建立 GPS 系统的同时，建立了世界大地坐标系（WGS-84）。WGS-84 定义与 IERS 一致，通过一组框架点的三维坐标和速度场来实现。WGS-84 通过定期与 ITRF 框架联测进行精化，以得到新的参考框架。2013 年 10 月，美国国防部对 WGS-84 参考框架重新进行了平差，坐标约束到 ITRF2008 框架 2005.0 历元坐标，速度采用 ITRF2008 速度，平差后三维坐标精度优于 ±1 厘米。

俄罗斯拥有两套坐标系统，两套坐标系定义都与 ITRS 一致。一套是大地坐标系，最新为 GSK-2011。另一套是 GLONASS 使用的地心大地坐标系 PZ-90。PZ-90 在保持椭球参数不变、坐标原点和尺度保持与 ITRF 一致的情况下，最新实现的是 2014 年启用的 PZ-90.11。PZ-90.11 原点精度优于 0.05 米。俄罗斯计划每 5 年更新一次 PZ-90。

欧盟建立的 GALILEO 采用 GALILEO 地球参考系统（GTRS），其定义与 ITRS 定义一致。其最新实现的 GTRF14v01 与 ITRF2008 对准，采用 84 个 IGS 框架点和 60 个 GALILEO 试验站（GESS）的 182 周数据联合解算得到。

中国开展北斗一号系统建设的同时，已着手开展新一代全球地心大地坐标系——CGCS2000 建设。CGCS2000 与 ITRS 的定义基本一致，其参考椭球扁率的计算考虑了我国的实际情况；CGCS2000 与 ITRS 的推荐值略有差异，这种差异引起椭球面上的纬度和高度变化最大可达 0.11 毫米。CGCS2000 是通过我国 2003 年完成的 2000 国家 GPS 大地控制网（2518 个 GPS 控制点和 30 个 CORS 基准站）平差成果建立起来的，坐标约束到 ITRF1997 框架 2000.0 历元坐标，定向与 ITRF1997 框架 2000.0 历元定向保持一致。

　　2008 年 7 月 1 日，中国正式启用 CGCS2000，过渡期为 8 ～ 10 年。2018 年 7 月 1 日，CGCS2000 全面应用，测绘行政主管部门不再对外提供 1954 北京坐标系、1980 西安坐标系成果。随着 GNSS 软硬件基础设施和应用服务的快速发展，各国均意识到需要建立与 ITRF 框架一致的地心大地坐标系统及参考框架。部分国家建立的全球地心坐标系统如表 3-1 所示。

表 3-1　部分国家建立的全球地心坐标系统

序号	全球地心坐标系统	国家	对应参考框架	参考历元
1	CGCS2000	中国	ITRF1997	2000.0
2	JGD2000	日本	ITRF1994	1997.0
3	NZGD2000	新西兰	ITRF1996	2000.0
4	GDA2020	澳大利亚	ITRF2014	2020.0
5	KGD2000	韩国	ITRF1997	2000.0
6	NGRF2000	马来西亚	ITRF1997	2000.0

4. 大地水准面精化技术进展

　　大地水准面是地球重力场中代表地球形状且与平均海平面最为密合的重力等位面，是高程测量的起算面。GNSS 能够快速测定地面点大地坐标（B，L，H）。大地高 H 是以参考椭球面为基准面的几何高，两点间高差与重力位差无直接关系，需要利用高精度大地水准面模型将 GNSS 大地高 H 转换为正常高 h，才能够为各行业经济建设提供正常高服务。因此，精化大地水准面数字模型已成为高程基准现代化研究的重点方向。

　　（1）全球大地水准面技术发展。20 世纪中后期，世界各国和地区大地水准面精化有了很大发展。20 世纪 80 年代初，第一代欧洲重力大地水准面 EGG1 和 EAGG1 精度为几分米，分辨率约 20 千米。20 世纪 90 年代后期，美国国家地理情报局（NGA）联合利用卫星重力模型、陆地和海洋测高重力数据，研制发布了 360 阶次全球重力场模型 EGM1996，模型空间分辨率为 $15' \times 15'$，大地水准面整体精度达到米级。

20世纪50年代到70年代，我国大地测量学家利用全国一、二等天文大地网的高程异常控制网进行内插，建立了中国第一代似大地水准面CQG1960、CQG1980，分辨率为200～500千米，精度为3～10米。20世纪90年代中期，中国先后研制发布了30′×30′分辨率的全球重力场模型WDM1994（360阶）、5′×5′分辨率的中国重力大地水准面模型WZD1994，精度达到了分米级。

21世纪初期，全球重力场模型和区域似大地水准面精化得到了快速发展与广泛应用，精化模型分辨率和精度水平提高了一个数量级。2008年，美国NGA在充分利用最新的数据基础上研制发布了新一代全球重力场模型EGM2008（阶次2190×2159），模型空间分辨率为5′×5′，整体精度达到了分米级。

2000年，中国利用近40万个地面重力数据、18（.75（28（.125地形数据以及Geosat ERM/GM、ERS-1 ERM/GM、ERS-2 ERM和TOPEX/Poseidon等卫星测高海洋重力异常数据研制了新一代陆海统一重力似大地水准面（CNGG2000）。同时，与GPS/水准拟合确定中国似大地水准面（CQG2000），分辨率为5′×5′，整体精度为0.44米。2011年，中国研究出新一代中国陆地重力似大地水准面CNGG2011模型，整体精度达到0.13米，东部地区平均精度为0.07米，西部地区平均精度为0.14米。

（2）市县级区域似大地水准面技术发展。"十二五"期间，随着市县CORS的逐步建立，开展市县级区域似大地水准面精化进入了快速发展期。综合利用已有的GNSS/水准、重力、地形和重力场模型等多种资料精化区域似大地水准面模型，整体精度达到了±0.050米。对于小范围、地势平坦的城市建成区范围，利用最新实测GNSS/水准观测数据，结合高分辨率的重力和地形实测数据开展区域似大地水准面模型精化，整体精度已达到±0.030米。

开展区域似大地水准面精化，是实现传统基于水准测量的地面标石高程基准向现代基于GNSS测量的数字高程基准转变的关键，也是现代测绘基准体系基础设施建设的重要内容之一。

GNSS+GEOID从根本上改变了高程基准维持模式和高程测定作业模式，必将成为"十四五"期间新型基础测绘体系建设的主要内容之一。这种新的高程基准维持模式很好地解决了传统水准测量技术所存在的问题，有以下三个主要特点：一是"绿色模式"，无须建立地面标石，不再受地面沉降、洪水、地震、滑坡等自然灾害及人类活动的影响；二是"无障碍模式"，不受任何山区和水域自然环境所限；三是相对独立的"测高模式"，改变了传递高程的概念，无传递累积误差影响。

（二）平南县测绘基准建设现状

1. CORS 基准站网建设情况

"十二五"至"十三五"期间，广西 CORS 基础设施建设项目在平南镇、六陈镇、国安瑶族乡建立了 3 个 CORS 基准站，贵港市勘察测绘研究院在平南镇建立了 1 个 CORS 基准站。4 个 CORS 基准站之间没有联网，尚未构成 CORS 基准站网提供测绘基准服务。

辖区内已建立的 4 个 CORS 基准站空间分布不均匀，平南镇建立的 2 个站点最短距离约 2 千米，最长距离则达到 40 多千米。平南县测绘地理信息行政主管部门尚未统一整合这些分散在各行业的 CORS 基准站点，也没有建立 CORS 数据中心进行统一管理、应用服务和运行维护。目前，这些基准站分别由各建设单位进行维护管理和应用服务，不利于发挥 CORS 基准站网的整体效能。

2. 区域似大地水准面精化建设

随着 GNSS 技术在各行各业的广泛应用，如何更好地实现快速、高精度 GNSS 大地高转换正常高，已成为 CORS 技术推广应用的关键问题。平南县尚未开展区域似大地水准面精化，尚未具备快速提供 GNSS 大地高转换正常高服务能力。因此，"十四五"期间平南县测绘地理信息行政主管部门要紧跟新型基础测绘体系建设的需求，加快开展局部区域似大地水准面精化建设，探索基于 GNSS+GEOID 技术的高程测量作业模式研究，进一步提升外业高程数据采集工作效率，降低外业人员的劳动强度。

3. CGCS2000 成果推广应用

按照国家、自治区关于 CGCS2000 成果推广应用工作部署，平南县测绘地理信息行政主管部门有序组织辖区行业单位开展 CGCS2000 成果转换。2015 年底，完成了平南县国土资源系统的 CGCS2000 成果转换工作，新、旧坐标系统转换成果通过了省区级产品质量检验。

截至 2018 年底，辖区范围主要部门已全面完成现有旧坐标系成果转换 CGCS2000 工作。目前，少数行业单位尚未完成 CGCS2000 成果转换工作。因此，"十四五"期间要加快推进辖区各行业单位完成 CGCS2000 成果转换工作。

4. 高等级控制网建设与维护情况

平南县行政区域范围的高等级控制网主要是在"十三五"以前建设的。"九五"以前，广西壮族自治区测绘局在平南县辖区范围施测了二、三、四等水准点共 90点。"十五"期间，广西壮族自治区测绘局在平南县辖区范围施测了 B、C 级 GNSS控制点共 11 点。"十二五"前期，平南县国土资源局在开展第二次全国土地调查城镇地籍测量工作中，在每个乡镇零星施测了 E 级和五秒 GNSS 控制点。"十三五"前期，平南县国土资源局开展国土系统 CGCS2000 成果转换工作，在每个乡镇利用第二次全国国土调查城镇地籍调查建设的旧控制点标志，按 D 级 GNSS 控制网精度进行卫星观测，建立了由 21 点组成的平南县 D 级 GNSS 控制网。

2020 年，自治区自然资源厅下达新一轮永久性测量标志普查任务，由广西自然资源调查监测院承担，对高等级控制点进行普查。普查结果显示，平南县国家水准点的破坏率（包括破损、找不到）为 42%，B、C 级 GNSS 控制点破坏率为 36%（如表 3-2所示）。

表 3-2　平南县高等级控制点普查结果统计　　　　　单位：点

控制点类型	辖区	总数	测量标志现状			破坏率
			完好	破损	找不到	
B、C 级 GNSS 控制点	平南县	11	7	2	2	36%
国家水准点	平南县	90	52	17	21	42%

（三）平南县现代测绘基准建设需求分析

平南县现有测绘基准基础设施建设明显滞后于当前测绘新技术应用步伐，亟须开展平南县现代测绘基准基础设施建设，以便更好地满足新型基础测绘体系转型升级的需要。

1. CORS 基础设施改造升级

平南县辖区范围现有 4 座 CORS 基准站分别在不同时期由不同单位采用不同型号的 CORS 基准站设备建设。由于没有进行统一技术设计、建设和运维服务，存在站点分布不均匀、服务性能差异等问题。目前 CORS 基准站从北向南沿线状分布，相邻站点间最短距离约 2 千米，最长距离达到 40 多千米，其他区域明显缺少基准站点，难以构成 CORS 基准站网。同时，站点间距过远，会导致出现网络 RTK 服务信号盲区、信号不稳定、服务效能低等问题。

现有的 CORS 基准站设备都是早期建设的，部分设备不支持北斗系统数据接收，部分设备只支持北斗二号系统数据接收与处理，无法接收北斗三号系统新频点和新信号数据。另外，现有 CORS 数据传输网络和受控管理尚未达到国家相关安全管理要求，存在数据安全隐患。

2020 年 7 月 31 日，中国向全世界郑重宣告北斗三号全球卫星导航系统正式开通，标志着我国在卫星导航领域实现了独立自主。因此，加快开展 PNCORS 建设，必然是"十四五"期间现代测绘基础设施建设的重要任务。

2. 区域似大地水准面精化

融合 CORS + GEOID 技术开展现代测绘基准体系建设与应用是新型基础测绘体系建设的主导方向。平南县辖区范围尚未建立 PNGEOID，为此，亟须加快 PNGEOID 精化建设。建立与国家、自治区测绘基准统一的 PNCORS + PNGEOID，提供厘米级精度的实时三维网络 RTK 服务、毫米级精度的事后三维基准传递"一站式"服务。

3. 补充完善传统控制网

"十三五"期间，平南县在 2000 国家大地控制网建设投入力度上已滞后于经济社会建设的需求。辖区内已有各类等级的永久性测量标志年久失修，加上经济社会建设快速发展、建成区扩张、城镇化建设进程不断加快，导致辖区范围的测绘基准基础设施存在较大程度的破坏。尤其是平南县建成区和建制镇建成区范围的平面控制网和高程控制网测量标志破坏严重，明显制约了测绘基准体系的社会服务功能，已难以满足不动产登记发证测绘工作开展的需要。因此，需要统筹开展平南县 D 级GNSS 控制网建设，为平南县不动产测绘、多测合一测绘、城市工程测量、地下管线施测与普查等业务的开展提供基准统一的三维控制点成果。

可以预见，"十四五"期间我国将全面迈进新型基础测绘体系建设阶段，测绘科技创新发展日新月异。在新型基础测绘体系建设背景下，需要在现代测绘基准体系建立基础上，建成空间分布合理、实时和事后高精度、三维大地测量参考框架，作为区域地理空间信息应用的统一参考基准和技术支持，更好地满足经济社会发展对测绘基准成果的需求。

三、平南县基础测绘测量基准设计

"十四五"期间，平南县基础测绘工作开展采用统一的坐标系统和高程系统，以确保所生成的基础测绘成果基准统一，提高基础测绘成果应用的公益性和共享效能，更好地服务平南县经济社会发展的需要。

（一）坐标系统

采用 CGCS2000，参考框架为 ITRF97，参考历元为 2000.0。

采用高斯 – 克里格正形投影，3°、1.5° 分带投影。

（二）高程系统

采用正常高系统，1985 国家高程基准（二期成果）。

四、"十四五"期间平南县重点工程研究

通过对国内外现代测绘基准体系建设技术发展现状进行分析，结合平南县测绘基准体系存在问题和应用需求，以"基础设施 + 系统平台 + 基准服务"为总体思路，提出"十四五"期间平南县现代测绘基准体系基础设施建设重点工程。

（一）北斗卫星定位综合服务系统建设

1. 建设目标

升级改造辖区已有 CORS 基准站，建成由 8 个新建 BDS 基准站（多模卫星定位）和 1 个北斗数据中心组成，与 GXCORS 进行组网的 PNCORS，全部具备接收北斗三号信号能力。构建与国家、自治区测绘基准统一的高精度、三维大地测量基准服务平台，全面提升 PNCORS 综合服务能力。

PNCORS 建成后能够为各种类型用户提供 PNT 增强服务，PNCORS 各项精度指标设计如表 3–3 所示。

表 3-3 PNCORS 精度指标设计

项目	内容	技术指标	
覆盖范围	导航	基准站网构成范围以及周围 100 千米以内	
	定位	基准站网构成范围以及周围 20 千米以内	
服务领域	导航	陆上导航,地理信息采集、更新	
	定位	测绘,地籍,规划,工程建设,变形监测,地壳形变监测	
系统精度	快速或实时定位	水平≤3 厘米	垂直≤5 厘米
	事后精密定位	水平≤5 毫米	垂直≤10 毫米
	变形监测	水平≤5 毫米	垂直≤10 毫米
	导航	水平≤5 米	垂直≤7 米
	定时	单机精度≤100 纳秒	多机同步≤10 纳秒
基准站坐标误差		三维点位≤5 毫米	三维速度变化≤3 毫米/年
可用性	导航	95.0%(1 天内)	95.0%(1 天内)
	定位	95.0%(1 天内)	95.0%(1 天内)
完好性	报警时间	＜6 秒	
	误报概率	＜0.3%	
兼容性	卫星信号	GPS: L1、L2、L5 GLONASS: L1、L2 BDS: B1、B2、B3	
	差分数据	RTCM2.x/3.x,CMR	
	接收机设备	国际国内主流厂商的 GNSS 接收机	
容量	实时用户	至少 200 个用户同时使用(GSM/GPRS/CDMA)	
	事后用户	无限制	

2. 技术路线

PNCORS 由基准站网子系统、数据中心子系统、数据通信子系统、用户应用子系统四个部分组成。整个系统以数据中心子系统为中心节点,通过数据通信子系统将基准站网子系统、数据中心子系统和用户应用子系统进行物理连接,构成星型拓扑结构,如图 3-3 所示。

PNCORS 采用虚拟参考站(VRS)差分解算技术作为系统核心解算技术,其工作原理如图 3-4 所示。流动站用户向数据中心发送流动站初始化概略坐标,数据中心接收到信息后,根据用户当前位置由计算机自动选择最佳的一组固定基准站。利用这组固定基准站接收到的 GNSS 卫星信号,整体改正卫星轨道误差、电离层、对流层和大气折射引起的测量误差,并将解算出的高精度差分改正信息发给流动站用户。

这个差分改正信息相当于在移动站初始化位置上生成一个虚拟参考站，利用这个虚拟参考站进行厘米级精度的实时网络 RTK 测量。

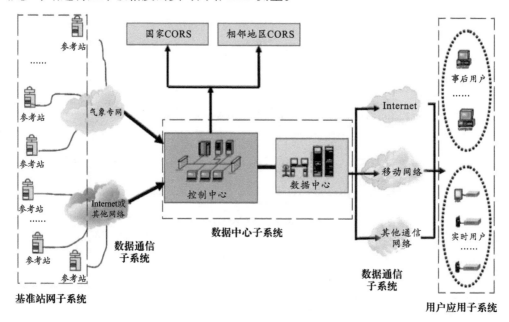

图 3-3　PNCORS 星型拓扑结构示意图

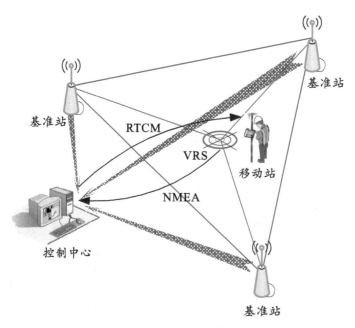

图 3-4　VRS 技术示意图

3. 系统组成及主要功能

（1）基准站网子系统。PNCORS 建设思路是以 GXCORS 在辖区已有的 3 个基准站点为基础，通过优化设计网型和升级改造（或新选建）站点，建成由 11 个 BDS 基准站组成的站点间距平均约 20 千米的 BDS 基准站网。

BDS 基准站由室内设备及室外设备两个部分组成。室外部分由避雷针、3D 扼流圈天线、信号电缆组成。室内设备置于机柜内，包括 BDS+GPS+GLONASS 三星兼容的 GNSS 接收机、网络设备、不间断电源（UPS）、防雷箱等。另外，每个基准站安装在线监控摄像头，便于对观测室环境及基准站设备运行状态进行监控。

（2）数据中心子系统。数据中心子系统是 PNCORS 的"大脑"，负责 GNSS 数据存储和管理、数据解算、误差模型建立、差分改正信息计算、数据发布、用户管理与服务。数据中心子系统由网络设备、计算机硬件设备和专业软件系统组成，是实现 PNCORS 各项功能的核心组成部分。

数据中心子系统根据所承担的任务不同又分为 3 个子中心，即数据控制子中心、数据处理子中心和数据服务子中心。通过开发平南县现代测绘基准管理与综合服务系统来实现 3 个子中心的服务管理功能。

数据控制子中心是 PNCORS 的"神经中枢"，主要负责对通信子系统发来的 BDS 基准站观测数据进行接收、分流与存储，接收管理端、数据服务中心输入的控制 / 服务指令并执行，对系统运行状态进行监控与调度。

数据处理子中心是 PNCORS 的核心单元 CPU，主要提供基于 BDS + GNSS 的多卫星系统数据接收与实时解算、多种格式网络 RTK 数据服务、基准站完备性监测、网络 RTK/RTD 实时差分定位服务等功能，是实现高精度实时动态定位的关键所在。数据处理子中心通过平南县现代测绘基准管理与综合服务系统，实现 24 小时连续不间断地对各基准站发回的实时观测数据进行整体建模解算，实时解算出伪距码 / 载波相位差分改正信息。通过通信子系统发送差分改正信息给流动站用户，实现实时解算出流动站精确坐标。PNCORS 数据处理子中心数据流结构如图 3–5 所示。

数据服务子中心是 PNCORS 的前端服务单元，主要负责用户信息管理、接受用户服务请求并向数据控制中心发送用户服务指令、向用户发送实时差分改正信息等。

（3）数据通信子系统。数据通信子系统是 PNCORS 的"神经网络"。该系统由数据传输硬件设备及软件控制模块组成，主要通过通信网络来实现基准站网子系统与数据中心子系统、数据中心子系统与用户应用子系统之间的数据传输、指令发送和差分改正信息发布。

数据通信子系统的通信网络可分为内通信网络和外通信网络。基准站网子系统与数据中心子系统的通信网络为内通信网络，数据中心子系统与用户应用子系统之间的通信网络为外通信网络。数据通信子系统将位于不同空间的基准站网子系统、数据中

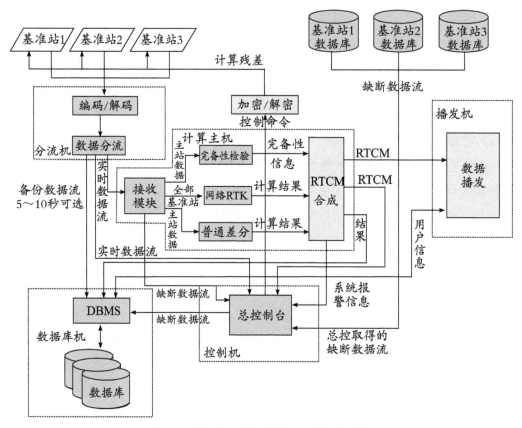

图 3-5　PNCORS 数据处理子中心数据流程结构

心子系统、用户应用子系统三者联系在一起，实现实时或事后的高精度定位服务。

（4）用户应用子系统。用户应用子系统是 PNCORS 的"肢体"，通过接收来自数据中心子系统发来的差分改正数据、GNSS 数据以及其他服务信息，最终实现用户所需的实时或事后、高精度的空间三维定位导航服务。用户应用子系统由网络 RTK 流动站、RTD 手簿、导航型接收机、大地型接收机、移动网络等设备组成，可以根据用户工作的实际需要进行选择配置。

4. 系统安全改造

PNCORS 系统安全改造主要是对 BDS 基准站 GNSS 数据互联网传输、数据处理以及应用服务进行数据脱密处理，针对关键节点开展商业密码应用改造，建立符合国家安全及基准站规范的数据传输、处理及服务全链条服务体系。

PNCORS 商业密码改造总体技术架构如图 3-6 所示。整个系统安全改造覆盖了基准站观测数据生成、数据传输、数据安全管理、数据服务用户受控安全管理、网络RTK 用户终端安全定位服务等全过程。

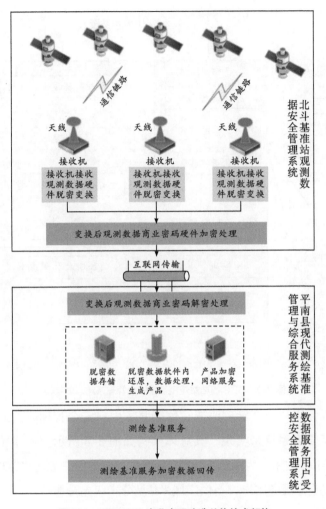

图 3-6　PNCORS 商业密码改造总体技术架构

（1）BDS 基准站观测数据安全管理改造。BDS 基准站观测数据安全管理系统在 PNCORS 系统前端，主要负责接收基准站观测数据和下载的数据文件，通过数据安全处理技术对以上数据进行安全管控，确保基准站定位服务系统数据输入的正确性和安全性。

BDS 基准站观测数据安全管理系统总体架构如图 3-7 所示。基准站观测数据和实时数据流通过基准站专用传输网，坐标数据文件通过介质，下载文件数据通过互联网统一汇集至基准站观测数据安全管理系统。系统对以上数据进行信息获取、审查并控制其流程，对于审查通过的数据输入定位服务系统。

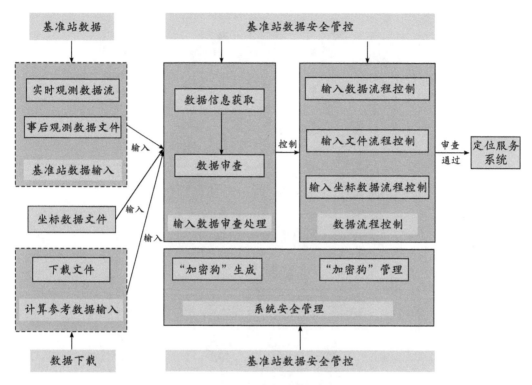

图3-7 BDS基准站观测数据安全管理系统总体架构

（2）数据服务用户安全管理改造。数据服务用户安全管理改造通过构建数据服务用户受控安全管理系统来实现，其总体架构如图3-8所示。该系统管理的终端用户主要分为三类：一类用户为网络 RTK 加密用户，二类用户为网络 RTK 非加密用户，三类用户为广域差分服务用户，提供广域米级 / 分米级差分服务。

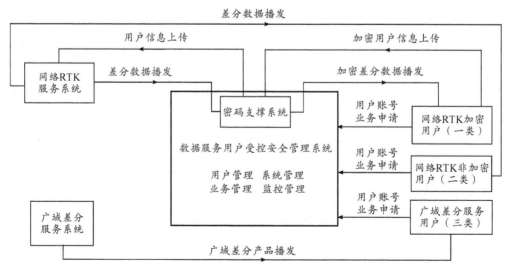

图3-8 数据服务用户受控安全管理系统总体架构

数据服务用户受控安全管理系统对提供厘米级正常高服务的网络 RTK 加密用户（一类用户），基于密码支撑系统（图 3-9）实行用户受控安全管理；对提供大地高服务的网络 RTK 非加密用户（二类用户），则沿用目前成熟的网络 RTK 用户管理技术；对广域差分服务用户（三类用户），实行用户登记和身份验证。

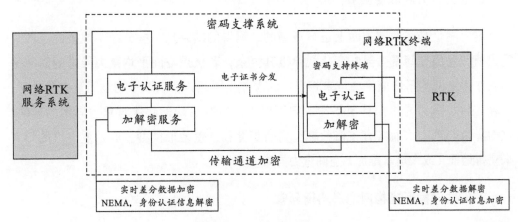

图 3-9 密码支撑系统

结合网络信息安全和商用密码应用，数据服务用户安全管理改造主要对一类用户服务网络和用户终端设备进行升级改造，满足国家对安全、受控的相关管理要求。主要涉及用户身份鉴别、访问控制、数据加密、安全传输和数据解密等功能。如二类用户也进行商用加密，技术路线可参考一类用户加密方法执行。三类用户不做加密改造。

（二）区域似大地水准面精化

1. 建设目标

开展平南县 1.5′ × 1.5′ 分辨率、整体优于 ±4 厘米精度（建成区及平原区域优于 ±3 厘米，丘陵、山地区域优于 ±6 厘米）的 PNGEOID 精化计算，实现实时和事后的厘米级精度 GNSS 大地高转换正常高计算，满足四等及以下 GNSS 高程控制测量和 1∶500、1∶1000、1∶2000 比例尺 DLG 碎部点 GNSS 高程测量的精度要求。

2. 技术路线

平南县区域似大地水准面精化计算设计综合利用已有的 GNSS/ 水准实测数据、重力测量数据、高精度地形数据和全球重力场模型等数据源，这些数据源的获取可以通过实地数据采集或者利用可收集到的已有观测数据。基于重力大地水准面确定理论和方法，通过多源大地测量数据的融合计算，进行区域似大地水准面模型精化。

（三）区域似大地水准面精化计算

1. 地面重力观测值归算

重力测量是在地球表面上进行观测的，测得的结果是一些分布不规则的离散点重力值。局部空间重力异常变化规律极其复杂，若按点空间平均重力异常的简单平均数作为格网的平均值将会带来相当大的误差。因此，在求取平均空间重力异常时，必须先将点重力异常归算至平滑的归算面上，以减少地形起伏对重力异常的影响。重力异常归算方法通常有布格归算、均衡归算和残差地形模型。通过重力值的归算来获得地面（或大地水准面）空间重力异常。

2. 推估内插形成格网地形均衡异常

为了获得平均重力异常基础格网数据，用离散点的观测均衡重力异常值作为已知（采样）值，按拟合方法确定每个格网结点上的均衡异常。

3. 利用 DEM 恢复格网平均空间重力异常

将每个格网均衡异常按地面重力归算的逆过程，在格网均衡异常中分别减去布格改正、局部地形改正和均衡改正，分别恢复为大地水准面上和地面上的空间重力异常。

4. 移去位模型重力异常生成残差空间异常和残差法耶异常

将地面空间异常减去模型重力异常，得到格网残差空间异常。在残差空间异常中加上局部地形改正，得到残差法耶异常。

5. 计算格网残差重力大地水准面高与残差高程异常

应用 Stokes 公式由格网平均残差空间异常，利用 FFT 技术计算每个格网中点的残差重力大地水准面高。将 Molodensky 级数的零阶项与一阶项合并，取一阶项近似等于局部地形改正，与残差空间异常相加形成残差法耶异常。采用 Stokes 公式，由格网平均残差法耶异常并结合地形的间接影响，计算残差高程异常。

6. 由位模型值恢复重力大地水准面高和高程异常

利用位模型系数由 FFT 技术分别计算位模型的大地水准面高和高程异常，将其分别加上残差重力大地水准面高和残差高程异常，得到重力大地水准面和重力似大地水准面。

7. 区域似大地水准面模型计算

将离散的 GNSS/ 水准观测值和对应的重力似大地水准面不符值，利用数学或物理方法消除或减弱两者的系统偏差，计算得到区域似大地水准面精化模型。

（四）平南县 D 级 GNSS 控制网建设

1. 建设目标

开展平南县 D 级 GNSS 控制网实地普查、复测与更新，建成分布相对均匀的、由 80 个新建点（或利用旧测量标志）组成的 D 级 GNSS 控制网。与 PNCORS 进行联测和组网平差计算，保持 D 级 GNSS 控制网与 PNCORS 测量基准统一。采用"GNSS 技术 + 区域似大地水准面精化模型技术"，建成平南县三维 GNSS 控制网，以满足不动产测绘、多测合一测绘、城市工程测量、地下管线施测与普查等业务开展对三维控制点起算资料的需求。

2. GNSS 控制网测量

（1）精度指标。平南县 D 级 GNSS 控制网测量参照《全球定位系统城市测量技术规程》（CJJ73—2010X）三等精度技术要求，D 级 GNSS 控制网测量主要技术指标要求如表 3-4 所示，基线解算精度指标如表 3-6 所示，平差精度要求如表 3-7 所示。

表 3-4　D 级 GNSS 控制网测量主要技术指标

等级	平均距离（千米）	a（毫米）	b（1×10^{-6}）	最弱边相对中误差	备注
CORS	40	≤2	≤1	1/800000	B 级
二等	9	≤5	≤2	1/120000	C 级
三等	5	≤5	≤2	1/80000	D 级
四等	2	≤10	≤5	1/45000	E 级

注：当边长小于 200 米时，边长中误差应小于 ±2 厘米。

D 级 GNSS 控制网点间基线长度中误差计算公式如下所示：

$$\sigma = \sqrt{a^2 + (b \times d)^2}$$

式中：a 为固定误差，b 为比例误差，d 为基线长度。

（2）GNSS 外业观测技术要求。D 级 GNSS 控制网外业观测参照《卫星定位城市测量技术标准》（CJJ/T 73—2019）相应等级作业技术指标要求执行。采用基于平南 CORS 基准站联测模式进行 GNSS 外业观测，以联测的基准站作为起算依据进行组网平差计算。实验证明，随着外业观测时间的增加，能够有效提高 D 级 GNSS 控制网三维尤其是大地高的测量精度。因此，在结合规范明确的 D 级 GNSS 外业观测时段长度的基本技术要求前提下（表 3-5），为进一步提高 D 级 GNSS 控制网三维测量精度，设计 D 级 GNSS 控制网采用网联式进行同步环观测，每个同步环网按 4 小时进行一个时段观测。

表 3-5　D 级 GNSS 控制网外业测量基本技术要求

项目 / 观测方法	等级	二等 /C 级	三等 /D 级	四等 /E 级
卫星高度角	静态	≥ 15°	≥ 15°	≥ 15°
	快速静态			
有效观测同类卫星数（个）	静态	≥ 4	≥ 4	≥ 4
	快速静态	—	≥ 5	≥ 5
平均重复设站数（个）	静态	≥ 2	≥ 2	≥ 2
	快速静态	—	≥ 2	≥ 2
时间长度（分钟）	静态	≥ 90	≥ 60	≥ 60
	快速静态	—	≥ 20	≥ 20
数据采样间隔（秒）	静态	10 ～ 60	10 ～ 60	10 ～ 60
	快速静态			

（3）内业数据处理。采用科研版软件 GAMIT10.7V 和 GNSS 接收机随机商用软件进行内业基线数据处理，采用 COSA2.5V 网平差软件进行网平差计算，获取 GNSS 控制网三维坐标成果。

内业下载 GNSS 观测数据，采用 GNSS 随机商用软件读入原始观测数据，参照外业观测手簿编辑好点号和天线量高信息，输出 RINEX 格式数据。同时，下载平南 CORS 基准站相同年积日的 RINEX 数据联合进行 GNSS 基线数据处理。将各时段基线解算结果导入 COSA2.5V 网平差软件进行同步环、重复基线、异步环坐标分量闭合差计算，要求各精度指标达到表 3-6 的要求。

表 3-6　GNSS 控制网基线解算精度指标

重复基线较差	同步环坐标分量闭合差	异步环或符合路线坐标分量闭合差	同步闭合环闭合差	异步闭合环闭合差
$d_s \leqslant 2\sqrt{2}\sigma$	$\lvert w_x \rvert, \lvert w_y \rvert, \lvert w_z \rvert \leqslant \dfrac{\sqrt{3}}{5}\sigma$	$\lvert w_x \rvert, \lvert w_y \rvert, \lvert w_z \rvert \leqslant 2\sqrt{n}\,\sigma$	$W_s \leqslant \dfrac{3}{5}\sigma$	$W_s \leqslant 2\sqrt{3n}\,\sigma$

当基线向量解算各项质量指标均符合相应等级精度指标要求，以联测的一个基准站点的三维坐标作为起算依据，在 CGCS2000 下进行三维无约束平差，获取各基线向量的三维向量改正数、边长相对中误差，分析并剔除 GNSS 基线观测值中可能存在的粗差基线，无约束平差的基线三维分量改正数应满足表 3-7 的要求。

表 3-7　GNSS 控制网平差精度要求

无约束平差基线分量改正数	约束平差基线分量改正数较差	约束平差最弱点三维中误差限差
		D 级网
$\lvert V_x \rvert, \lvert V_y \rvert, \lvert V_z \rvert \leqslant 3\sigma$	$\lvert dV_x \rvert, \lvert dV_y \rvert, \lvert dV_z \rvert \leqslant 2\sigma$	±3.0cm

无约束平差满足相应等级精度要求后，以所联测的基准站三维坐标作为起算依据，在 CGCS2000 国家大地坐标系下进行三维约束平差计算，获取各基线向量的三维向量改正数、边长相对中误差、三维坐标成果（B、L、H）。

将三维坐标成果（B、L、H）输入 PNGEOID 计算程序，获得 1985 国家高程基准下的正常高 h。

（五）现代测绘基准管理与综合服务系统建设

现代测绘基准管理与综合服务系统集全球导航卫星系统、地理信息系统、计算机和互联网通信技术于一体，采用 C/S 与 B/S 架构开发，以 Web Service 方式进行大地测量基准数据管理与综合服务系统开发。该系统后端与 PNCORS 数据处理中心和平南县测绘基准成果数据库衔接，前端为各类用户提供基于 PNCORS+PNGEOID 的实时米级至分米级精度的导航服务（网络 RTD）、实时厘米级精度的定位服务（网络 RTK）和毫米级精度的事后三维基准传递"一站式"服务。

1. 平南县测绘基准成果数据库建设

PNCORS + PNGEOID 建成后提供厘米级精度的实时网络 RTK 和毫米级精度的事后三维基准传递服务，即建立了一个高精度的、动态的集大地基准和高程基准于一体的测绘基准成果数据库。同时，对平南县辖区已有的各种精度等级平面控制点和高程控制点成果及其属性信息进行整理入库，建成平南县测绘基准成果数据库（图3-10）。

平南县测绘基准成果数据库的建立，实现了对测绘基准成果数据的专业化、信息化管理和应用，提高大地测量基准框架成果数据服务与运维工作效率，为日后制定测绘基准运维方案和进行测绘基准管理决策提供技术支持和数据服务保障。

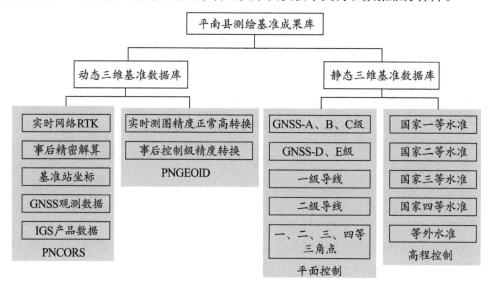

图 3-10　平南县测绘基准成果数据库

2.基于综合服务系统的测绘基准成果服务

通过依托 PNCORS+PNGEOID 已有软硬件设施、网络架构、专用网络传输链路，搭建平南县现代测绘基准管理与综合服务系统。在确保信息服务安全的前提下，实现 CORS 系统管理、CORS 用户管理、测绘基准成果服务和系统状态信息发布等功能。平南县现代测绘基准管理与综合服务系统提供的各项功能如图 3-11 所示。

通过平南县现代测绘基准管理与综合服务系统，管理员登录后台主界面，审核用户申请信息，管理用户 CORS 账号与作业范围，查看在线用户的作业情况及其账号使用记录，便捷有效地监管用户与管理用户信息，为用户提供个性化的现代测绘基准成果服务。普通用户登录系统主界面，可以查看 CORS 基准站分布与运行状况，以便有效制定外业作业工作计划。注册成功的用户通过线上办理 CORS 账号申请，获取 GNSS 静态数据后处理、多源坐标成果转换、平南县区域似大地水准面模型高程转换、数据格式转换、GNSS 观测数据检核等专业技术服务。

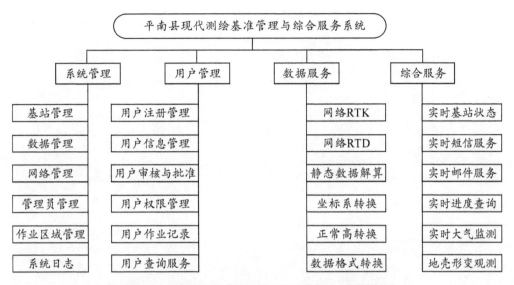

图 3-11 平南县现代测绘基准管理与综合服务系统功能设计

综合服务系统建设与应用，将进一步拓展 PNCORS 已有测绘基准应用与服务功能，为全市提供统一、实时或事后的高精度三维大地测量基准"一站式"服务，提高PNCORS 的运行、服务和管理水平，降低系统维护人员的工作强度。

五、2035 年远景目标

秉持自主可控、国产替代、安全保障原则，持续进行 BDS 基准站基础设施升级改造，完成 15 个 BDS 基准站升级和密码安全改造，完成 PNCORS 升级改造。

进一步精化区域似大地水准面模型，完成 PNGEOID 优化计算，整体精度优于±3 厘米。构建 BDS + PNGEOID+5G 的高精度快速测绘基准成果服务平台，形成 PNT技术服务体系。

开展测绘数据密码安全改造技术、北斗高精度导航定位应用模式创新、多源传感器测量数据融合与室内外协同导航定位等技术攻关和试点工程建设。

搭建基于云平台与大数据处理技术的测绘基准服务平台，满足经济社会快速发展背景下的城市管理、公共安全、民生服务等信息化建设对统一空间基准的需要。

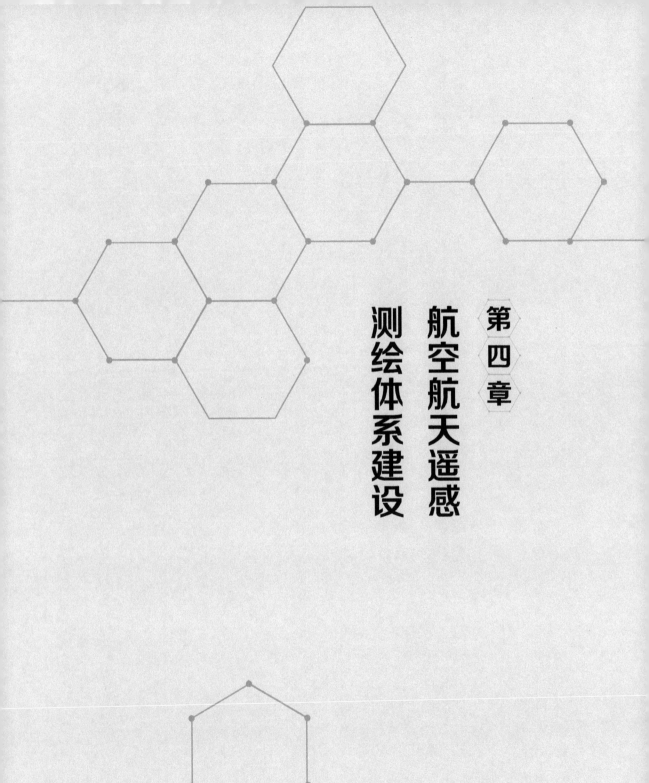

第四章
航空航天遥感测绘体系建设

一、研究背景

"十四五"时期是我国由全面建成小康社会向基本实现社会主义现代化迈进的关键时期，也是加快推进生态文明建设和经济高质量发展的攻坚期。在此背景下，自然资源管理部门为适应新型基础测绘体系建设的新要求，围绕"两支撑、一提升"推进"十四五"基础测绘成果服务与地理信息管理，更好地履行自然资源"两统一"职责，需要加大投入力度开展航空航天遥感测绘体系建设与应用研究。

遥感（RS）是指从远距离、高空甚至外层空间平台上利用可见光、红外、微波等探测仪器，通过摄影/扫描、信息感应、传输和处理，识别探测对象特征和运动状态的现代化技术体系。遥感常划分为航空遥感（传感器设置于航空器上，如飞机、无人机）和航天遥感（传感器设置于航天器上，如人造地球卫星）。航空航天遥感测绘具有无须接触目标本身而对目标进行量测和解译的特点，为快速获取地球表层地理实体空间信息和物体能量波谱提供了核心技术支撑。

近十年来，随着数码航空摄影、无人机航空摄影、高分辨率航天遥感技术、雷达成像技术、海量遥感影像并行处理技术的飞速发展，航空航天遥感技术在基础测绘、农林水资源调查、全球变化、环境监测、灾害监测和评估等各个领域得到了广泛应用。航空航天遥感技术已成为更新基础地理信息数据的重要技术手段，也是人类应对人口、环境、资源、灾害四大问题的重要决策信息源。

此次航空航天遥感测绘体系建设专题研究以防城港市航空航天遥感测绘体系建设为例，在充分分析防城港市航空航天遥感测绘体系建设现状和存在问题的基础上，认真研究"十四五"时期航空航天遥感测绘发展形势，结合防城港市经济社会发展对航空航天遥感成果服务保障的客观需求，重点围绕遥感影像统筹获取、遥感影像快速处理、基于遥感影像信息采集与更新、遥感影像应用服务等方面，提出防城港市"十四五"时期及到2035年防城港市航空航天遥感测绘体系建设的基本思路和主要目标、重点指标、重大工程项目以及重大创新举措。

二、发展现状与趋势

（一）航空航天遥感技术特点

遥感技术是 20 世纪 60 年代发展起来的对地观测综合技术，70 年代开始得到迅猛发展。随着遥感技术的发展，遥感信息存储、处理与应用技术也得到不同程度的发展，目前已广泛应用于矿产资源调查、土地资源调查、地质灾害监测与环境保护等自然资源各个领域，发挥着越来越重要的作用。

航空航天遥感技术具有大面积同步观测、高时效性、综合性强和经济效益显著等特点。

1. 信息获取大面积同步

开展自然资源和环境调查、自然资源动态监测，如何获得大面积同步观测数据是确保调查、监测结果可靠的关键。采用传统人工调查技术实施起来非常困难，且工作量巨大，而航空航天遥感技术则具备提供大面积同步获取调查目标信息的能力，且不受地形和地物阻隔的限制。

2. 数据获取高时效性

遥感探测尤其是空间遥感探测，可以在短时间内对同一地区进行重复探测，发现探测区域内许多事物的动态变化。如遥感动态监测，利用地球资源卫星（如美国的陆地卫星 Landsat、法国的 SPOT 等）数据，经过处理可在很短时间内获得探测区域内几年、1 年或几个月时间段的动态变化信息；利用航空遥感和无人机航摄，甚至可以得到探测区域内几星期、几天时间段的动态变化信息。相对传统地面调查投入的人力、物力和耗费的时间而言，航空航天遥感技术极大地提高了大区域资源普查的时效性。

3. 遥感信息综合性强

通过遥感技术获得的地面物体电磁波特性信息，能够综合地反映地面上自然地理和人文地理信息。红外遥感昼夜均可探测，微波遥感可全天候探测，人们可以从不同波长的遥感信息中有选择地提取所需的信息数据。例如，从地球资源卫星所获得的地物电磁波特性可以综合反映地质、地貌、土壤、植被、水文等特征，具有广阔的应用领域。

4. 经济效益显著

采用航空航天遥感技术能够快速、大面积获取地表物体电磁波特性信息，能够被各行各业所应用，从中提取所需要的自然地理信息和人文地理信息。遥感信息一次获取后，可以实现多行业多应用。与传统人工普查方法相比，采用航空航天遥感技术开展各行业普查工作，可以大大地节省人力、物力、财力和时间，具有很高的经济效益和社会效益。

（二）航空航天遥感技术发展趋势

近十年来，随着多种新型传感器和遥感平台的出现与逐步成熟，航空航天遥感数据获取能力进一步增强，同时为遥感数据处理与应用带来了新的机遇与挑战。当前，航空航天遥感正朝着高空间分辨率、高光谱分辨率、高时间分辨率，多极化、多角度方向快速发展。

1. 卫星遥感技术

21 世纪初，卫星遥感技术得到了快速发展，包括美国航空航天局（NASA）、加拿大太空局（CSA）、欧空局（ESA）、日本航空航天探索局（JAXA）等国家机构已经陆续建成各国卫星对地观测体系。2010 年，我国启动"高分辨率对地观测系统"等重大专项，全面开展飞行平台制造、传感器研制、数据处理、产品生成和分发等较完整的航天遥感系统基础设施建设。目前，我国已建立全国卫星遥感信息接收、处理、分发体系，初步建成了高分卫星对地观测应用体系和航空航天遥感数据获取体系。

随着卫星遥感技术的快速发展，卫星性能的不断提升，遥感技术空间、时间和光谱分辨率、敏捷机动能力、定位精度等实现质的飞跃，应用水平和商业模式不断升级创新，与大数据、云计算等技术的深度融合趋势明显。卫星影像正朝着高时空分辨率、高光谱分辨率方向发展，World View-3 卫星 0.31 米分辨率是目前全球民用遥感卫星的最高水平。多时相合成孔径雷达（SAR）干涉测量、极化干涉（InSAR）测量和 SAR 层析建模技术是近年来的研究热点。

2. 航空遥感技术

航空遥感是获取地面信息的重要技术手段。航空相机作为航空遥感器主要载荷形式之一，被世界各国广泛应用于资源普查、地形测绘、军事侦察等众多领域。20世纪初，发达国家已开始研制以胶片为信息载体的航空相机。早期的相机焦距较短，载片量小，画幅窄，地面分辨率低。20 世纪 70 年代，随着科学技术的发展和对航空相机高性能的需求，长焦距、大载片量、宽画幅、地面高分辨率的航空相机应运而生。20 世纪 80 年代，国际先进国家的胶片型相机已经发展至相当高水平，比较成熟的航空相机产品有仙童公司的 KA-112 全景式航空相机以及芝加哥工业公司的 KS-146 画幅式航空相机。

从 20 世纪 80 年代开始，随着技术发展和 CCD 探测器技术的日益成熟，发达国家开始研发 CCD 实时传输型相机，至今已发展至很高的水平。航空摄影应用的主要 CCD 实时传输型相机主要包括美国 ROI（侦察与光学公司）CA 系列相机和 Goodrich（古特里奇公司）SYERS 系列、DB-110 系列相机，法国 Thales Optronics 公司的 MAEO、8010、8040 相机，英国 BAE 系统公司的 F-985C、F-9812 相机，以色列 EOLP 公司的 LOROP 相机、Rafael 公司的 RecceLite 战术侦察吊舱等。目前，传输型航空相机沿着从低分辨率到高分辨率、从短焦距到长焦距、从线阵到面阵、从可见光到红外及双波段的方向发展。

3. 无人机遥感技术

随着无人机与数码相机技术的飞速发展，基于无人机平台的数字航摄技术已显示出其独特的优势：活动灵活、操作简单、响应快速、成图精度高、产品丰富，尤其在小区域和飞行困难地区快速获取高分辨率影像数据方面具有明显优势。近几年来，无人机航空摄影测量系统已被逐步应用到大比例尺地形图航空摄影测量领域，为传统航空摄影测量提供了科技创新支撑。

"十三五"期间，科学技术部加大对无人机遥感应用领域和关键技术创新支持力度。据统计，在 2016—2018 年科学技术部"地球观测与导航领域"重点专项立项中，直接与无人机遥感相关的项目共 8 项，间接与无人机相关的项目有 4 项。其中与无人机在自然资源、生态环境遥感监测有关的项目包括高频次迅捷无人航空器区域组网遥感观测技术、重特大灾害空天地一体化协同监测应急响应关键技术研究及示范、国土资源与生态环境安全监测系统集成技术以及应急响应示范、城乡生态环境综合检测空间信息服务以及应用示范等。

其中，具有代表性的是中国科学院地理科学与自然资源研究所牵头的重大研发计划项目——高频次迅捷无人航空器区域组网遥感观测技术，其突破了多元平台组网关键技术，研发集成组网观测硬件设备系统、规划调度与安全管控系统，实现资源优化、规划调度、产品和服务等协同一体的区域无人航空器组网，构建融合国家野外科学观测台站为无人航空器的区域组网观测体系，已具备常态化自然资源遥感观测服务能力。

"十三五"期间，科学技术部及相关部委科技立项也大量涉及无人机遥感方向，其根本目标是要实现从有人航空遥感向无人航空遥感的跨越，为全国厘米级分辨率获取能力建设，为世界遥感强国的国家战略跨越奠定基础。伴随着轻小型无人机平台的发展，大量的轻小型无人机遥感载荷，如光学、红外谱段、激光雷达、成像光谱及合成孔径雷达、偏振载荷等，在抗震救灾、环境治理、农业植保等领域得到很好应用。目前，轻小型无人机遥感载荷正朝着小型、多样、多功能、多组合方向发展。

4. 激光雷达技术

激光雷达（Lidar）是传统雷达与激光技术相结合的产物，以激光束作为信息载体进行主动式测距定位。近年来，激光雷达技术飞速发展，从简单的激光技术逐步发展出激光跟踪、激光测速、激光扫描成像、激光多普勒成像等技术。激光雷达发射激光束频率较传统雷达高几个数量级，具有高亮度性、高方向性、高单色性和高相干性特点，能够精确测距、测速和跟踪，还具有很高的角分辨率、速度分辨率和距离分辨率，对更小尺度的目标物也能产生回波信号，在探测细小颗粒方面特别具有优势。

激光雷达技术已被应用到军事、生产、生活各个领域，在航空航天、大气、环境、测绘、遥感、无人驾驶及光电工程等领域的应用越来越广泛。在三维建模应用方面，采用激光雷达扫描能够获取海量点云数据，通过专业软件进行场景三维建模，从而达到精细三维建模的实际应用需求。近年来，无人机＋激光雷达技术已被广泛应用到"数字城市"地理空间框架建设领域，通过机载激光雷达传感器快速获取大范围城市场景三维点云数据，快速构建城市场景精细三维建模。

目前，我国激光雷达应用技术处于蓬勃发展时期，机遇与挑战并存。进入5G时代，万物互联的物联网时代即将到来，激光雷达技术作为物联网架构的底层技术必将得到广泛应用，市场前景十分可观，相应的技术也将得到进一步的完善和发展。

5. 高光谱遥感技术

近十年来，在地球资源、人类生存环境探索与利用过程中，尤其是在陆地表层、大气、海洋以及空间目标探测与监视过程中，对高空间分辨率、高光谱分辨率航空航天遥感技术的应用研发越来越受到重视。高光谱遥感技术具有光谱分辨率高、图谱合一的独特优点，是遥感技术发展史上一次革命性飞跃。

高光谱遥感是一种采用很窄且连续的光谱通道对地物进行持续遥感成像的技术。

与传统光学遥感相比，高光谱分辨率的成像光谱仪为每一个成像像元提供很窄的成像波段，其分辨率高达纳米数量级，光谱通道多达数十甚至数百个以上，而且各光谱通道间往往是连续的。与地面光谱辐射计相比，高光谱遥感获取的不是离散点上的光谱测量信息，而是在连续空间上进行光谱测量的信息。

高光谱遥感相对于传统遥感，能够同时获取遥感目标的图像信息和光谱信息，在对地观测和资源环境调查中获取更丰富的遥感信息数据，主要表现在地物分辨识别能力大幅提高，成像通道数大大增加，使遥感从定性分析向定量分析或半定量分析的转化成为可能。近年来，高光谱遥感技术已被广泛应用于环境监测、大气探测、地球资源普查、自然灾害监测等诸多领域，对人类社会进步和发展起到了难以估量的作用。

目前，国际上星载成像光谱仪正朝着大面阵、超高空间、超高光谱分辨率的方向发展，在陆地、植被、海洋、环境、军事侦察及深空探测等领域有着广泛的应用。各个国家在长期的探索中，逐渐形成了各自成熟的高光谱遥感技术体系。国内"高分五号"卫星发射成功，为我国高光谱遥感领域发展带来了新机遇和新挑战。可以预见，未来国际上在高光谱遥感领域发展竞争将会更加激烈。同时，随着星载高光谱遥感技术的成熟，高光谱遥感产品的商业化、民用化也将更加深入。

（三）我国航空航天遥感技术应用现状

进入 21 世纪，特别是随着"高分"系列卫星持续发射与推广应用，我国遥感卫星性能得到了不断提升，在空间、时间和光谱分辨率、敏捷机动能力、定位精度等性能指标上均实现质的飞跃，卫星遥感应用水平和商业模式不断升级创新。同时，在航空航天遥感测绘技术应用上也取得了长足发展，由过去主要作为地理信息数据的获取手段，逐步发展成为集数据获取、处理和服务于一体的相对独立的业务体系，已被广泛应用到自然资源调查、测绘、农业、林业、地质、地理、海洋、水文、气象、环境保护和军事侦察等领域。

1. 自然资源遥感应用

2012 年 1 月至今，我国先后成功发射了 3 颗民用高分辨率立体测绘卫星——"资源三号" 01、02、03 卫星，组成立体测绘卫星星座，主要用于获取高分辨率立体影像和多光谱数据，为地理国情监测、国土资源调查、防灾减灾等领域提供卫星遥感应用服务。

2013 年，国家测绘地理信息局负责组织开展第一次全国地理国情普查工作，基于航空航天遥感技术快速推进普查，形成了一批覆盖全国的地表覆盖、地理要素等大比例尺成果产品。"十三五"期间，国家测绘地理信息局组织开展了常态化地理国情监测，基于资源三号卫星遥感数据快速获取能力，实现了地表覆盖、地理要素等成果产品的年度更新。

2018 年，自然资源部全面启动第三次全国国土调查，基于 3S 技术快速开展各项普查工作，全面细化和完善土地利用基础数据，掌握翔实准确的土地利用现状及土地资源变化，满足土地管理、生态文明建设、自然资源管理、宏观调控等各项工作的需要。第三次全国国土调查工作开展耗时三年，与第二次全国国土调查相比，在成本、调查方法和技术应用等方面均有了很大的提高。

2018 年 4 月，自然资源部在北京召开了自然资源遥感应用创新发展座谈会。会议围绕提高山水林田湖草自然资源全要素、全覆盖、全天候调查监测及监管能力的新目标，充分发挥自然资源部系统已有的土地勘测规划院、航遥中心、卫星海洋应用中心、卫星测绘应用中心和林业规划院等五家专业卫星中心既有优势，在土地、地质、海洋、测绘、林业、湿地、海岸带调查等业务管理上全面开展卫星遥感应用创新工作。基于"资源卫星""高分卫星"系列航天遥感平台为山水林田湖草自然资源调查监测提供技术保障，为"多规合一""生态保护""资源资产评估"等提供决策支撑。

面对新形势新挑战，如何提升自然资源遥感应用能力和水平，全面服务自然资源"两统一"职责，自然资源部提出了要着力从五个方面开展遥感创新应用。

（1）打造全方位遥感观测系统。针对山水林田湖草等自然资源观测要素的不同特点，整装建设可见光、高光谱、热红外等光学遥感，海洋水色、海洋动力以及雷达、重力、磁力等多种观测手段并存的高、中分辨率卫星观测平台，形成全覆盖、全天候、全要素、全方位的遥感信息获取能力，实现从周期性调查到动态化监测的转型升级。

（2）创新关键技术。加强遥感应用与云计算、大数据、人工智能等前沿技术的交叉融合，着力向自动化、规模化、定量化、智能化方向转型。

（3）拓展自然资源应用领域。围绕自然资源调查、监测、评价、决策全过程，瞄准业务工程和决策管理需求，建设业务流程清晰、标准规范统一、产品持续配套的卫星遥感业务应用系统，支持山水林田湖草全方位多层次监管应用，满足国家对全国及全球自然资源遥感调查监测任务的要求。

（4）创建一流服务平台。加强遥感应用服务平台建设，引导省级地方应用体系建设，形成统分结合、部省联动的自然资源遥感应用技术体系。推动建设国家级技术创新中心，打造高水平、有特色、国际化的自然资源遥感服务平台。

（5）加强协调统筹。统筹谋划卫星应用重大工程、重大专项、重点研发计划以及卫星应用发展规划，通过牵头组织项目更好地集聚创新要素，着力加强卫星数据、信息、技术、标准共建共享共用，提高共享融合水平，增强服务保障效能。

2. 基础地理信息数据快速获取

国家经济建设需要大量的基础地理信息数据支撑，主要包括 DOM、DLG、DEM、数字专题图等，内容包括道路、建（构）筑物、水体、植被等专题。利用航空航天遥感技术可以快速制作不同种类、各种比例尺的专题图或影像图，以满足不同行业的需求。基础地理信息数据采集包括空间数据采集与属性数据采集，现阶段我国基于航空航天遥感技术的基础地理信息数据采集技术体系已成型，能快速服务经济建设各行各业。

"高分"系列卫星陆续发射成功，极大地提升了我国基础地理信息精细观测和快速获得能力，将我国遥感卫星平面定位精度由百米级提高到亚米级。"资源三号"系列卫星的发射应用，标志着我国开始进入卫星立体测绘时代，对我国民用测绘发展具有里程碑意义。基于"资源三号"01、02、03 卫星星座对地立体观测数据源，建立了我国 1：50000 卫星测绘技术体系，实现了我国 1：50000 比例尺测图从依赖国外卫星到使用国产卫星的新跨越。

"十二五"期间，国家测绘地理信息局组织开展了全球测图工作。该项目基于国产自主卫星遥感影像数据，设计全球测图技术系统总体架构，突破了境外无地面控制条件下的卫星影像高精度几何定位、多星多时相数据全球联合平差、多源数据融合及协同处理等关键技术，建成了首套 30 米分辨率全球地表覆盖遥感制图数据集。2014 年 9 月，在联合国气候峰会上国家测绘地理信息局与联合国经济和社会事务部签署《关于向联合国提供 30 米分辨率全球地表覆盖数据的联合声明》，并代表我国将数据集捐赠给联合国。

"十四五"期间，"资源三号"04 星和"高分七号"业务星已相继立项，针对"资源三号"系列卫星后续发展的研讨论证工作已启动。我国将逐步构建 1：50000 ～ 1：10000 比例尺光学立体测绘卫星星座，为高精度基础地理信息遥感测绘提供长期、稳定、连续的自主卫星数据源，大幅提升基础测绘遥感数据获取服务保障水平。

3. 环境遥感实时监测

环境遥感监测主要是对城市环境、水污染、海洋、地表、固体废弃物等进行遥感调查与评价。航空遥感技术监测城市环境主要表现在监测与热岛效应有关的城市建设问题。以热红外图像为信息源，通过图像上呈现的信息来查明城市下垫面热辐射结构类型，尤其是高温热源点的分布及其强度，从而绘制热岛强度分布系列图，分析城市热岛效应对城市环境的影响。

航空遥感技术对水污染的监测是采用热红外扫描图像与彩色红外图像结合获取信息的方法，对湖泊、河道的水污染进行监测。监测内容主要包括污染源分布及类型、范围及程度等，据此绘制河道污染源分布图，分析与评价污染危害等。

随着现代化建设加快、人口增多，环境问题已成为我们目前面临的主要问题。环境质量是指城市各环境要素本身及其组合受到污染影响的程度。随着环境遥感的兴起，遥感技术在这方面发挥了很大的作用。当前，利用高分辨率航空航天遥感影像获取、分析可以辅助获取固定废弃物污染、大气污染、热污染和水污染等信息。

4. 地质灾害监测

地质灾害监测与防治工作与人们的生活有着非常密切的关系，通过遥感技术能够更好地对灾害情况进行有效监测。当前，我国在地质灾害防御方面通过采用有针对性的措施加强各项管理工作，取得了非常显著的成绩。基于遥感技术还能够通过对图像显示的内容，对区域地质灾害发生的实际情况以及形态进行有效预测，从而帮助技术人员实时掌握地质灾害现场情况，科学开展地质灾害监测防治，最大限度降低灾害产生的不良影响。

（四）广西遥感测绘体系建设现状与展望

1. 广西遥感测绘体系建设现状

广西地形地貌复杂，自然资源种类丰富，自然资源调查图斑破碎分散。自治区自然资源厅组建以前自然资源分头管理，各要素的调查监测分别由国土、水利、农业、林业、海洋等部门组织开展，导致各类自然资源要素调查监测存在数出多门、标准不一、成果矛盾和难以共享等问题。为解决上述问题，自治区自然资源厅成立后亟须构建航空航天遥感测绘技术体系，对广西自然资源全要素进行统一标准的调查监测，为自然资源调查监测、不动产登记、国土空间规划和用途管制、生态环境保护与修复等业务管理提供准确、可靠、科学和权威的自然资源基础数据。

"十三五"期间，自治区人民政府印发《广西民用遥感卫星数据开放共享管理暂行办法》，建立了自然资源广西壮族自治区卫星应用技术中心和高分辨率对地观测系统广西数据与应用中心，通过共享自然资源部和国防科空局下发的航天卫星影像数据，包括"北京二号""高景一号""高分一号""高分二号""高分六号""资源三号""资源 02C 号"以及采购的 KOMPSAT–3A、WorldView、GeoEye01、KOMPSAT–3、Pleiades 等其他类型数据，有力提高了全区的高分卫星遥感数据获取能力和应用服务能力。

通过两个中心，广西已经连续四年实现了 2 米、1 米分辨率遥感影像全区覆盖。截至 2019 年 12 月底，已累计接收下载多源、多分辨率卫星影像数据 4770 景。其中，1 米级共计 1431 景，实现广西全区范围一年 1 次覆盖；2 米级共计 2187 景，实现一年内 3 个季度覆盖；优于 0.5 米级共计 31 景，为采购国外数据，主要覆盖广西 14 个设区市建成区和部分重点区域。

目前，卫星中心影像覆盖数量已超 1.8 万景，数据量超 20 万亿字节。截至 2020 年 6 月底，提供并应用于自然资源、林业、农业、环保、住建等 20 多个应用部门和行业的影像达 11354 景。遥感技术在广西第三次国土调查、自然资源确权登记、地理国情监测、两区划定、土地执法、糖业大数据平台、保护区违法用地发现等超过 25 个专项业务开展中发挥了重要作用。

广西遥感测绘体系的建立有效地解决了广西卫星遥感影像短缺问题，满足广西不同行业部门对卫星遥感数据的应用需求，为经济社会发展提供有力技术支撑，同时减少了购买进口遥感卫星影像数据的财政支出，取得了显著的经济效益和社会效益。

2. 广西遥感测绘体系建设展望

为深入实施军民融合发展战略和创新驱动发展战略，推动广西的遥感数据开放共享、应用推广及相关产业发展，提高遥感卫星系统建设效益，进一步发挥遥感数据在经济建设和国防建设中的重要作用，广西遥感测绘体系建设将围绕以下四个方面发展：

（1）加快推动区、市、县三级公益性平台的应用，满足各级政府及社会各层面的需求；采用按需共享、技术下沉手段，逐步形成贯通部、区、市、县（乡）一体化卫星遥感应用与服务体系。

（2）聚焦服务自然资源"两统一"职责，为构建自然资源三维立体"一张图"、促进全行业数据统一、自然资源信息化建设提供优质遥感服务。

（3）深化应用服务，面向自然资源监管工作核心需求的同时，兼顾满足应急、气象、林业、环保、农业、安全监督、海洋、地质等行业以及地方政府的应用需求，以专题产品服务具体专项业务工作。

（4）集聚自然资源卫星遥感人才，加强协同配合，做大做强卫星中心，为广西自然资源事业提供有力技术支撑。

三、防城港市遥感测绘体系建设现状及发展方向

机构改革以前，防城港市存在自然资源分头管理、数据标准不一、成果矛盾和难以共享等问题。防城港市自然资源局组建后，亟须建立和完善防城港市航空航天遥感测绘体系，为防城港市自然资源全要素统一调查监测提供准确、可靠、科学和权威的自然资源基础数据，这也是"十四五"期间基础测绘工作服务好自然资源"两统一"职责的关键。

（一）遥感测绘体系建设现状

防城港市国土资源勘测规划院（防城港市国土资源信息中心）作为防城港市遥感技术支撑单位，建成了 B 级标准信息机房，已配备成都纵横 CW-10C 固定翼、中海达 Fly D6 多旋翼、大疆 PHANTOM 4 RTK 等多台无人机，采购了 ARCGIS、SUPERMAP、MAPGIS、ENVI、OrthoVista、南方 iData 航测立体测图、Pix 4D、EPS等遥感处理软件。根据自然资源业务开展的需要，以遥感影像数据为基础，防城港市国土资源勘测规划院收集基础地理、土地利用现状、基本农田、土地规划、用地审批、土地供应、不动产登记、卫片执法、矿产资源、地质灾害等多种数据源，建成防城港市综合监管"一张图"系统，实现了覆盖土地"批、供、用、补、查"各个环节图数联动的全程监管。

防城港市国土资源勘测规划院已初步具备遥感技术应用和人才保障条件，承担辖区自然资源卫星遥感数据判读、解译、图斑提取等技术处理工作，具有常用卫星影像数据预处理和信息判读的能力。先后组织开展防城港市沿海沿江重点地区、江山半岛 1∶1000 比例尺航拍测绘，基于卫星遥感影像开展闲置土地清查、卫片执法监察、土地变更调查、矿山地质环境动态巡查、规划选址、国有土地使用权招拍挂等自然资源日常管理工作。在土地调查、土地矿产卫片监督检查、矿山巡查、重点开发区 1∶1000 比例尺航空摄影测量、重点产业园区调查工作中，防城港市综合监管"一张图"系统发挥了卫星技术服务支撑优势。

（二）需求分析

防城港市目前尚未建立起支撑行业遥感应用的航空航天遥感测绘体系。防城港

市自然资源业务开展所需的遥感影像数据大部分是自然资源部、自治区自然资源厅直接配发的影像数据。航空航天遥感数据自主获取能力弱，软硬件基础设施建设薄弱，人才队伍建设跟不上应用需求，尚未建立稳定的财政投入经费。

经过前期调研分析，防城港市在航空航天遥感数据应用与共享服务方面需要解决好以下四个问题：

1. 提升遥感影像数据统筹获取能力

防城港市地处亚热带，春季多雨，夏季多云，受到复杂多变的气候影响，区域卫星影像获取窗口期较短，全年通常只有 40～60 天时间且主要集中在秋冬季，大大降低了航天遥感数据获取能力。另外，防城港市现有的轻便型、短航时旋翼或固定翼低空无人机分散部署在辖区各测绘资质持证单位，缺乏长航时、大型的固定翼无人机搭载平台和机载 Lidar、高精度多镜头倾斜摄影传感器。在实际业务开展工作中，存在航空航天遥感影像数据获取困难、数据现势性弱等问题。如何提升航空航天遥感影像数据获取能力，已成为防城港市自然资源局履行好自然资源"两统一"职责，为经济建设各行业统一提供高分辨率、现势性强的航空航天遥感数据共享服务所面临的挑战。

"十四五"期间，按照自治区统一工作部署，防城港市需加快建成自然资源广西卫星应用技术中心防城港市分中心；整合组建防城港市无人机遥感测绘应用队伍，加大低空无人机遥感数据获取关键设备的投入力度；初步构建"天空地"一体化遥感数据获取、处理、入库与综合服务支持平台，增强本辖区遥感数据获取、处理、共享应用服务能力。

2. 增加多源测绘地理信息数据覆盖度

随着自然资源调查监测工作的深入开展，对多源、多类型测绘地理信息数据有了更高的需求。多源、多类型测绘地理信息数据包括高空间分辨率、高时间分辨率和高光谱分辨率的航空航天遥感 DOM 数据和高空间分辨率的 DEM 数据、数字地表模型（Digital Surface Model，DSM）数据、实景三维模型数据。与单源遥感影像数据相比，多源遥感影像数据和地形数据相结合，在自然资源调查监测工作中可以实现自动提取更多高质量信息，得到更精确、更完全、更可靠的估计和判决。

从防城港市现有基础地理信息数据来看，主要包括 1：50000 比例尺 DEM、1：10000 比例尺 DOM、1：2000 比例尺 DOM 和建成区 1：500 比例尺 DLG。这些基础测绘数据覆盖度不够、空间分辨率不高、现势性较差，难以满足当前自然资源调查监测的需要。加上防城港市地貌复杂、图斑破碎、植被差异性小，需要采用多源测绘数据融合处理来提高自然资源变化信息的自动提取能力。因此，"十四五"期间应综合运用 3S 技术开展基础地理信息获取与更新工程建设，获取 1∶500～1∶2000 比例尺 4D 产品数据；从自治区领用 1∶10000 比例尺 4D 产品数据；建立覆盖全域的多源测绘地理信息数据库，满足新型基础测绘技术体系建设过渡时期对大比例尺基础测绘产品的需求。

3. 强化遥感数据共享服务

防城港市在航空航天遥感数据应用与共享服务方面尚存在需要解决的问题。一是要加强遥感数据共享机制建设，加快建立防城港市遥感卫星应用分中心机构，加大遥感数据资源的共享力度，定期共享最新的卫星遥感数据，最大限度释放财政投入所带来的应用红利。二是要将遥感数据获取纳入本级国民经济和社会发展规划及年度计划。在《防城港市基础测绘规划文本（2006—2020 年）》分期投入预算中，"十三五"期间未制定有关航空航天遥感数据获取工作计划和经费预算。该时期所获得的遥感数据主要依靠专项实施过程中自治区下发的遥感数据。另外，就是本辖区的行业单位和私营企业根据业务需要，自筹经费获取小区域的无人机影像数据。三是简化遥感影像数据领用业务流程。受保密管理、审批手续烦琐等因素制约，航空航天遥感测绘数据不易领用，成果共享程度低，信息服务水平弱。必须进一步完善共建共享机制，实现航空航天遥感测绘地理信息服务的横向协同与纵向联动共享，提高地理信息服务及社会服务水平。

通过对辖区行业单位需求调研进行分析发现，大家对高分辨率、高时效性的遥感影像需求最为强烈。由于大范围航空航天遥感影像获取成本较高，如重复申请财政经费实施遥感数据获取势必造成浪费。因此，行业单位希望能够由防城港市自然资源局统一获取本辖区的航空航天遥感影像数据，建立遥感数据应用与共享服务机制，以满足各行业单位对遥感影像数据的应用需求。

4. 加强遥感新技术应用与人才队伍建设

"十三五"期间，航空航天遥感技术得到了飞速发展。除传统测绘中航空影像获取、处理及应用外，多角度倾斜航空摄影逐渐成为城市精细三维建模的重要数据来源，机载激光雷达技术已成为复杂地形测量和三维建模的重要手段，地面移动激光扫描系统可以快速获取目标三维和属性信息。基于多源传感器的遥感数据融合与反演服务已成为航空航天遥感技术应用的新趋势。促进无人飞机等新型平台和机载激光雷达等新型传感器的应用，逐步形成高分辨率、多类型、多传感器、全天候综合高效的航空航天遥感测绘能力，将成为新型基础测绘技术体系建设的核心技术支撑。目前，防城港市行业单位遥感新技术应用能力相对还是薄弱，"十四五"期间应迎头赶上，加快引进吸收最新的遥感新技术，更好地服务防城港市经济社会建设的需要。

防城港市的行政管理和技术人才薄弱，希望自治区相关技术单位能够加大指导和培训力度，选派专业技术人员到防城港市挂职，发挥专业特长，指导市、县两级遥感测绘工作。同时，需要加强复合型航空航天遥感测绘人才队伍的建设和培养，引进高层次遥感专业型人才，优化人才队伍的年龄结构、专业结构。

结合防城港市特色开展航空航天遥感测绘技术体系建设。在做好实际生产研究应用的基础上，开展创新理念工作，完善防城港市航空航天遥感测绘科技创新支撑体系，建立健全的科技创新体制机制。加大广西区内外高校应用技术和科技成果的引进与转化应用力度，借助区内高校科技人才优势进行柔性人才引进和核心技术联合攻关，通过项目实施培养人才，以人才带动项目建设。完善人才培养、引进、使用、交流和奖励机制，落实各项人才政策，创建良好的人才发展环境。

四、"十四五"期间防城港市重点工程研究

（一）建设目标

"十四五"期间，防城港市航空航天遥感测绘体系建设应重点解决好遥感影像统筹获取与更新、遥感新技术创新应用、成果共享服务体系搭建三个方面问题。

1. 航空航天遥感数据获取能力显著增强

加强防城港市遥感影像统筹获取能力建设，显著提升影像数据获取效率。通过建立自然资源广西卫星应用技术中心防城港市分中心，进一步完善遥感影像市、县统筹获取机制。统筹利用国产民用高分卫星、国内外商业卫星、有人机/无人机航空遥感平台和多种传感器数据获取手段，克服防城港市多云雨复杂天气的影响，实现基础地理信息天空地立体化按需获取、自动化处理。实现高分辨率、多种类遥感影像数据全覆盖、定期更新，重点区域年内多次更新，形成有效覆盖全市的多类型、高分辨率、多时相的遥感影像数据库。

2. 遥感科技创新能力显著增强

统筹推进开放合作的航空航天遥感科技创新平台建设，加快高新技术、科研成果的引进、吸收、转化和自主创新。加强科技队伍人才引进和建设，提高专业技术水平和自主研发能力。进一步加强防城港市航空航天遥感测绘装备能力建设，使大区域多源数据实时获取、高性能自动处理与更新能力显著增强。

3. 遥感影像数据共享和服务能力进一步提升

进一步完善地理信息资源共享机制。依托自然资源广西卫星应用技术中心防城港市分中心建设，建立省、市、县三级遥感卫星数据分发服务网络。整合防城港市行业单位无人机软、硬件资源，建立防城港市无人机遥感应用联合中队。初步构建"天空地"一体化遥感数据获取、处理、入库与综合服务支持平台。加强区域特色问题的技术攻关和应用开发，拓展航空航天遥感技术服务于自然资源管理和经济社会发展的广度和深度。

（二）主要任务

1. 基础航空摄影和遥感影像获取能力建设

（1）任务内容。加强航空航天遥感影像获取的统筹规划，建立健全遥感影像统筹管理工作机制，加强相关基础设施建设，形成业务化获取高分一号、资源三号等多种型号国产卫星影像的能力，规范防城港市遥感影像获取、加工处理、应用服务的统筹管理，促进遥感影像资源共享，提升使用效率，集约高效用好财政资金。

实现每年获取优于 1 米分辨率遥感影像 1 次，重点区域每季度 1 次；优于 2 米分辨率卫星影像每年全面覆盖市区 4 次。加大城市地区优于 0.2 米分辨率的航空影像、优于 0.1 米分辨率的倾斜摄影数据获取力度。推进机载激光雷达、合成孔径雷达、高光谱等新技术生产应用。

进一步完善遥感影像共建共享机制，加大地理信息资源统筹分工采集、协同整合的力度，实现地理信息资源的横向协同和纵向联动共享。探索建立遥感卫星数据分发机构与用户单位之间的关系，提升数据服务鲜活度，拓展遥感数据应用的深度和广度。

（2）建设方法。加强航空航天遥感影像获取的统筹规划和经费投入，进一步完善遥感影像共建共享机制，加大地理信息资源统筹分工采集、协同整合的力度。建立市县基础航空摄影定期分区更新机制、航天遥感影像数据分级分区获取机制，提升财政资金的高效集约节约利用水平。完善航空航天遥感影像的保管、提供、使用制度以及资料信息定期发布制度。

（3）主要完成指标。完成城市控制性详细规划、城镇开发边界、重点镇等区域（面积约 1800 平方千米）1：1000 比例尺航空遥感影像数据获取。完成城市控制性详细规划、城镇开发边界、重点镇等区域（面积约 1800 平方千米）1：1000 比例尺 DOM、像控点生产。采用无人机倾斜摄影测量技术开展防城港市中心城区等重点区域（面积约 260 平方千米）1：500 比例尺 DOM 生产。

2. 实景三维数据获取与生产能力建设

（1）任务内容。加强实景三维数据获取与生产的统筹规划与经费投入，建立健全实景三维数据获取与生产统筹管理工作机制，加强相关的硬件建设与人才培养，提升实景三维数据获取与生产的能力。同时规范实景三维数据获取、生产、应用服务的统筹管理，促进实景三维数据的资源共享，提升使用效率，集约高效用好财政资金。

实现防城港市建成区、重点规划区以及建制镇的实景三维数据获取与生产。推进机载激光雷达、合成孔径雷达、高光谱等新技术生产应用。进一步完善实景三维数据共建共享机制，加大地理信息资源统筹分工采集、协同整合的力度，实现地理信息资源的横向协同和纵向联动共享，提升实景三维数据服务鲜活度，拓展数据应用的不同场景与深度。

（2）建设方法。加强实景三维数据的获取与生产的统筹规划和经费投入，进一步完善数据共建共享机制，提升数据资源的使用效率与广度。建立防城港市建成区、重点规划区以及建制镇实景三维数据定期分区更新机制，提升财政资金的高效集约节约利用水平。完善实景三维数据的保管、提供以及使用制度。

（3）主要完成指标。采用无人机倾斜摄影测量技术获取防城港市中心城区等重点区域（面积约 260 平方千米）分辨率优于 5 厘米的多视角遥感影像并生产实景三维数据，生产规划年度计划如表 4-1 所示。

3. 建立航空航天遥感影像应用服务体系

（1）任务内容。建立航空航天遥感影像产品和应用服务体系，建成自然资源广西卫星应用技术中心防城港市分中心。初步构建"天空地"一体化遥感数据获取、处理、入库与综合服务支持平台。建立和完善防城港市遥感卫星应用服务系统和综合

表 4-1　防城港市实景三维数据生产年度计划

年度	面积	范围说明
2022	约 90 平方千米	主要为河西片区、城东片区、防城区旧城片区、医学创新科技产业园、九龙湖科技生态产业园
2023	约 40 平方千米	主要为大西南临港工业园区
2024	约 50 平方千米	主要为西湾新城、新禄组团片区，分布在江山镇北部和水营街道西部
2025	约 80 平方千米	主要为江山半岛一期和二期

服务平台，形成"实时接收—快速处理—及时发布—全面应用"的卫星遥感数据应用体系。推进多传感器、多视角、多时相遥感影像数据的标准化处理，建设高识别度、高容量、高现势性的三维实景影像数据库及信息服务系统，形成常态化的航空航天遥感影像产品生产和分发服务能力。

（2）实现方法。积极投入，加快建设自然资源广西卫星应用技术中心防城港市分中心；加强航空航天遥感影像数据接收处理和分发服务能力建设，完善航空航天遥感影像共享和应用服务体系。

（3）主要完成指标。建成自然资源广西卫星应用技术中心防城港市分中心，遥感影像获取与共享服务能力大幅提升。

4. 建立无人机遥感应用联合中队

（1）任务内容。整合防城港市行业单位无人机软、硬件资源，建立防城港市无人机遥感应用联合中队（以下简称"无人机中队"）。依托无人机中队，通过互联网对散落在各单位的现有无人机进行标签化管理，尚未购买无人机或在多地进行作业的单位可申请有偿使用空闲无人机进行作业，有效提高无人机的使用率，实现设备的共享。

测绘无人机需要进行专业的维修与保养，但多数小型团队无法设立专业维保队伍。无人机中队可设立专业维保部门为众多无人机团队提供服务，提高资源利用率，实现无人机维修保养资源的共享服务。

性能优良的无人机可以通过购买获得，但行业内优秀的无人机飞手却很缺乏。培训培养大量专业的无人机操控员、地勤人员、维修保养人员已成为行业发展的基础内容。无人机中队将飞手培训纳入共享范围，有利于快速培养专业飞行人员。无人机中队的建立有利于测绘成果的共享，使各单位更加充分地利用现有数据资源，避免重复测绘，节约时间和费用成本。

（2）建设方法。完善测绘地理信息基础设施、测绘技术装备配置及运维投入机制，建立科学、高效的管理工作机制和共享服务机制，开展重大装备使用维护管理办法制定相关工作，加强开发应用人才队伍培养，确保设备能够产生应有的社会和经济效益。

（3）主要完成指标。依托无人机中队实现无人机遥感设备与维修资源共享，实现无人机遥感技术人员联合作业，实现成员单位间的无人机测绘成果数据共享。

5. 应急测绘航空航天遥感保障能力建设

（1）任务内容。建立健全防城港市应急测绘航空航天遥感保障支撑体系，增强应急测绘数据获取、处理的保障服务能力。应急测绘保障机制进一步完善，完善公益型测绘生产单位和社会专业力量共同参与的应急测绘体系建设，形成市县联动的应急测绘保障服务队伍；加强应急演练，建立平战结合、响应迅速、保障有力的应急测绘服务保障体系，为灾前预警、灾中抢险、灾后评估提供应急测绘服务保障。

（2）建设方法。完善应急测绘指挥机构，进一步加强应急测绘航空航天遥感技术保障服务的统筹协调，建立健全应急测绘响应机制、常态与非常态下应急运行机制、市—县应急测绘保障联动机制，壮大应急测绘队伍，强化当前应急测绘体系运行中的薄弱环节，充分调动各方服从和服务于广西应急测绘事业的积极性，大力提升灾害危机与事故危情测绘应对实力和能力。

加强应急测绘航空航天遥感技术创新，大力推进北斗导航、无人机、遥感等新技术在防灾、减灾、救灾中的深度应用，开展灾害监测预警、灾情空间分析、应急信息大数据挖掘应用等技术研究，显著增强各地应急测绘航空航天遥感服务保障能力。

强化与有关部门的合作协调和信息共享，确保在重大公共事件发生时能够对应急事件，快速实施灾情监测，紧急制作现势性强、精度高的测绘地理信息产品，及时发布灾情测绘地理信息。

（3）主要完成指标。每年组织开展 1～2 次市级应急测绘演练和培训、2～3 次常态化应急航摄数据获取飞行训练。

五、2035 年预期及主要措施

随着卫星、航空、传感器技术的快速发展，卫星、航空、无人机等多平台遥感传感器性能的不断提升，高性能、低成本、小型化的遥感传感器将使数据获取自动化、实时化、泛在化成为趋势。同时，随着人工智能、大数据、计算机视觉等技术的快速发展，遥感影像分类、目标识别及变化检测等数据处理技术正朝着智能化、自动化方向快速发展，长期困扰遥感应用的性能瓶颈将逐步得到解决。遥感技术发展将朝着泛物联网的方向不断发展演进，为自然资源管理、经济社会发展提供更及时、更丰富、更多样的产品和服务。

（一）预期目标

形成完善的遥感影像统筹获取能力，航空航天遥感数据基本实现按需获取。统筹利用国内外民用、商业卫星遥感平台、有人机/无人机航空遥感平台和多种传感器数据获取手段，多平台、多传感器数据基本实现全天候按需获取。

基本解决遥感影像智能识别与变化提取这一长期限制遥感应用发展的问题。基于人工智能、大数据、计算机视觉等技术，发展相关自动化、智能化算法，攻克地表覆盖、土地利用等应用中的遥感影像自动分类、目标识别及变化检测等技术难点，实现遥感数据获取、处理、信息提取与应用服务的自动化、智能化。

云服务技术能力进一步提升，遥感影像及深加工产品的共享和服务能力进一步增强。地理信息资源共享机制完善，产品丰富，分发服务网络健全，基本满足自然资源管理和国民经济其他部门对遥感数据的应用需求。

航空航天遥感测绘装备水平全面提升，大区域多源数据实时获取、高性能自动处理与更新能力达到国际一流水平。

（二）规划任务

1. 建设无人机遥感网

加强无人机遥感影像获取的统筹规划，建立自治区、市、县三级无人机遥感网，实现可见光、多光谱、激光雷达等多传感器手段，固定翼/多旋翼/直升机等多飞行平台的在地网络化按需服务，加强相关基础设施建设，形成无人机遥感数据按需获取、实时处理、即时服务的能力。

2. 遥感影像智能识别与变化提取

加强基于人工智能、大数据、计算机视觉等技术与航空航天遥感测绘技术的融合研究，发展相关自动化、智能化算法，攻克遥感影像自动分类、目标识别、变化发现、变化识别等技术难点，实现针对地表覆盖、土地利用分类等典型自然资源管理应用服务的自动化、智能化处理。

3. 遥感影像云处理与云服务

加强遥感影像云处理、云服务相关技术的研究，实现基于云计算架构的多用户并发、海量遥感信息的即时处理与服务。

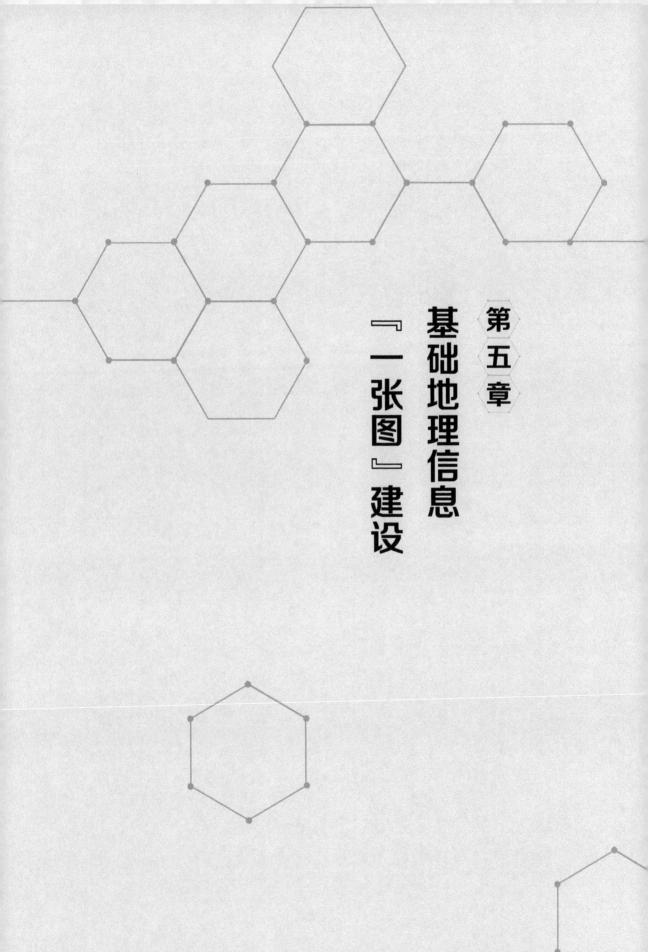

第五章

基础地理信息
『一张图』建设

一、研究背景

建立、更新基础地理信息系统是《中华人民共和国测绘法》中规定的基础测绘主要内容之一，设区的市、县级人民政府依法组织实施测制和更新 1∶2000～1∶500比例尺地图、影像图和数字化产品，建立和更新本级基础地理信息系统。《全国基础测绘中长期规划纲要（2015—2030 年)》明确提出，我国基础测绘发展的主要任务包括加强基础地理信息资源建设与更新和加强地理信息公共服务，实现成果形式"新"与生产服务方式"新"。成果形式"新"主要体现在以现代测绘基准体系和数字城市地理空间框架数据库为主要成果形式，实现基础地理信息的多尺度融合和联动更新，不再局限于按计划生产纸质地形图。生产服务方式"新"主要体现在以满足多样化需求的网络化定制服务为主要生产服务方式，打破单一、呆板、离线的传统服务模式。

按照国家和自治区的相关要求，"十三五"期间防城港市自然资源局按照《防城港市基础测绘规划修编专题研究报告（2006—2020 年)》的相关要求，组织开展了防城港市基础地理信息数据的采集、更新和建库工作，为防城港经济社会发展提供了基础性、权威性的地理信息资源，在保障经济发展、社会稳定、"一带一路"建设、海洋经济、生态保护、资源管理等各项工作中发挥了重要作用。

"十四五"时期，防城港市国土空间规划、乡村振兴、自然资源监测、城市重点项目建设等自然资源管理和经济社会管理工作向数字化、智能化发展的同时，也不断向注重细节、追求精准方向发展，对精准表达的城乡地理空间的高精度三维数据、遥感数据、地理信息数据有强劲需求。实景三维数据、DOM 数据、DEM 数据以及 1∶1000、1∶2000 等比例尺的 DLG 数据资源，能正确反应地表起伏情况和城乡详细情况，已成为国土空间治理、乡村振兴战略等的实施以及城市管理和农村治理所必需的基础支撑，从而使基础地理信息转型升级成为必须。

随着防城港市经济社会的高速发展，传统根据用途按比例尺采集生产、单一比例尺数据库存储、离线传统共享等模式已经不能满足当前经济社会发展所需的更加全面、更加丰富、现势性更好的基础地理信息数据服务模式。因此，亟须建设基础地理信息"一张图"体系，以满足当前防城港市国民经济、社会发展、生态文明、城市安全以及信息化建设对基础地理信息成果高精度、三维、实时在线服务的需求。

此次基础地理信息"一张图"建设专题研究以防城港市基础地理信息"一张图"

建设为例，防城港市自然资源局在充分分析防城港市基础地理信息现状和存在问题基础上，认真研究"十四五"时期基础地理信息"一张图"技术发展形势，结合防城港市经济社会发展对基础地理信息成果服务保障的客观需求，重点围绕基础地理信息多比例尺数据库建设、1∶1000 实体建设与 1∶2000 等多比例尺 DLG 自动更新、"一张图"服务自然资源、个性化服务共享与服务更新等方面，研究提出"十四五"时期和到 2035 年防城港市基础地理信息"一张图"体系建设的工作思路和主要目标、重点任务、重点指标以及重大改革举措。

二、发展现状与趋势

（一）基础地理信息技术发展新要求

2015 年 6 月，《全国基础测绘中长期规划纲要（2015—2030 年）》首次提出了"加快发展基础测绘，形成新型基础测绘体系"的要求。在新型基础测绘体系背景下，对基础地理信息的生产和服务提出了新的要求。

一是要求测绘地理信息成果形式"新"，以数字地理空间框架数据库等为主要成果形式，实现基础地理信息的多尺度融合和联动更新，不再局限于按计划生产纸质地形图。从原先的提供不同比例尺地形图或 4D 数据产品，转变为可提供按需定制地形图、专题图、内容丰富的高精度基础地理信息数据。从原先的只能提供版本式基础地理数据，转变为可提供多时态的增量数据

二是要求测绘地理信息生产服务模式"新"，建立围绕基础地理信息数据库开展按需生产和个性化服务的新模式，逐步取代围绕地图制图组织生产的传统模式。从原先的只能提供模拟地形图或数据产品，转变为提供网络化的数据下载、地图服务、平台服务、卫星导航定位服务，以及多种形式的定制服务等。新型基础测绘与传统基础测绘相比，具备了联动更新、按需服务、开放共享等特征。

在新型基础测绘体系建设背景下，测绘地理信息建设内容包括完善及动态更新国家基础地理信息数据库（一个数据库），建设与运行全国地理信息公共服务平台"天地图"（一个平台），开发一系列新型测绘地理信息产品（系列产品），向社会、政府和公众提供灵性化的地理信息服务（灵性化服务）等。

1. 基础地理信息数据库升级与动态更新

（1）通过统筹设计整合全国多级基础地理信息数据库，不断丰富完善信息内容，

升级改造建立全国统一的基础地理信息数据库。改变按比例尺分级建库的技术模式，采用按照要素主题分层建库，建成全国完整统一的境界数据库、地名地址数据库、交通数据库、水系数据库、地表覆盖数据库、地下管线数据库、地形高程数据库、城市三维数据库、影像数据库等，同时增加要素在人口、经济等方面的重要属性信息。数据库中的要素内容选取及精度不再按照比例尺确定，而是可根据需要灵活确定，实现不同尺度、不同精度的基础地理信息要素的高度融合统一，促进系统内及行业之间的信息共享，更加方便应用，同时减少重复测绘。

（2）按照国家事权需求，逐步完善扩展基础地理数据库的覆盖范围。通过实施边境测绘、全球测图、海岛礁测绘等国家重大测绘工程项目，获取并建立海洋、我国周边地区以及全球范围的基础地理信息数据库，为维护我国海洋权益、实施"一带一路"建设、全球战略以及外交、反恐等，提供地理信息服务保障。

（3）统筹升级建设国家地理影像数据库。建立国家基础航空摄影定期分区更新机制以及航天遥感影像数据快速分级分区覆盖获取机制，推动建立多分辨率、多传感器、全天候的影像快速更新，建设具有国际先进水平的国家综合航空遥感体系，实现我国多分辨率、多时相、多类型 DOM 数据库的全面覆盖和及时更新。

（4）全面推进基础地理数据库动态更新及按需更新。逐步完善和优化基础地理信息动态更新的技术和标准体系，构建国家和地方多级协同更新机制以及生产组织模式，全面推进基础地理数据库按需快速动态更新，对于重点基础地理要素，有必要实现全国范围年度更新、重点地区几个月更新一次，全国范围的全要素三年左右更新一次，城市和重点地区按需及时更新。

2.建设与运行全国地理信息公共服务平台"天地图"

（1）整合利用地理信息数据资源，加快建设政务版和公众版"天地图"。面向政务、产业、公众的需求，有效利用基础测绘、地理国情监测、数字城市、全球测图、海洋测绘等数据资源，整合政府和专业部门的公共信息，以及各类众源信息和全球基础地理信息数据，不断丰富完善并建设"天地图"。同时，建立健全多种来源的地理信息利用机制，实现实时或准实时联动更新。

（2）开展地理信息综合服务与定位服务。推动"天地图"核心软件自主研发和成果转化，不断提升服务效率和保障水平。改造省级节点成为分布式云节点，提高在线服务能力，扩充完善各类在线服务功能。积极开发个性化服务，变一般数据服务为精细信息服务，提高综合服务水平，以"天地图"为基础地理信息平台开展导航定位服务。

（3）大力开展地理信息公共服务和应用推广。实施"天地图+"行动计划，推动"天地图"在政府管理决策、企业生产运营和百姓日常生活中的深层次应用。

3. 开发基础地理信息系列新型产品

面向政府服务和公众服务需要，研制开发基础测绘新产品，形成更加丰富、多样化和适用的测绘地理信息数据和地图产品体系。利用基础地理数据库和地形图制图技术，开发生产通用型基础地理信息数据库产品、专用型基础地理信息数据库产品、基本比例尺地图、各种专题地图、公众版地图、图集图册等。

4. 向社会和公众提供灵性化的服务

（1）建立分布式基础地理信息分发服务系统，形成全国一体化地理信息服务网络，为用户提供"一站式"地理信息应用服务。并在此基础上集合跨部门政府资源，为国家信息化提供地理空间信息支撑。

（2）创新服务形式，为国家重大战略实施、重大工程建设、管理决策等提供数据、技术、平台、信息等多种形式的服务。

（3）完善应急测绘保障服务。构建国家应急测绘保障服务体系，建设应急测绘数据传输网络、国家级应急测绘处理平台等，提高突发事件现场多源应急测绘数据快速处理能力、应急测绘数据网络传输能力、应急测绘指挥调度与服务能力等应急测绘保障能力。

（4）开展测绘基准与地理信息综合服务，充分发挥测绘基准与地理信息的综合优势，开展面向移动通信网、互联网、物联网、车联网等领域的服务。

（二）图库一体化技术

1. 计算机辅助制图技术

计算机辅助制图技术始于 20 世纪 90 年代。随着计算机制图软件不断发展，基于计算机辅助制图技术的地图生产效率、成图效果、编制工艺都得到了大大的提高。目前常规计算机辅助制图模式主要有以下三种：

（1）内外业一体化的采编数据，按固定比例尺编绘成大比例尺地形图模式，主要以基于 CAD 软件环境进行二次开发的 CASS、EPS 等软件为代表。其特点是数据根据固定比例符号化成图，形式标准规范化，依比例套用规范模板符号库据实反映物体状况，适合表现形式单一固定的图形表达。其数据具有少量地理空间属性，如坐标位置信息、地物简单属性信息等，但缺乏地物相互地理空间严格拓扑关系，不能利用数据属性进行空间数据分析及图表生成，也难以快速进行比例尺变更成图。

（2）将 GIS 数据初处理后分要素及图层转换到以 CorelDRAW 或 Illustrator 为代表的平面设计制图软件制图模式，利用软件强大的矢量图形制作和处理功能，创建从简单的图案到表现手法复杂的地图产品。在制作图形的表现形式上生动、丰富，易于实现多样的表现手法，图形编辑功能灵活、方便，形式不拘一格，同时能实现图形、图像和文字的混合排列，并具有多种特效，因而在编制中小比例尺地图上得到广泛的运用。但在软件成图过程中，人工重复干预操作步骤较多，再次改变比例尺成图时投影变化困难，对同类地理信息数据成图重复制图流程，不能保留地理信息数据的多种属性信息等，虽然能二次开发一些小功能键简化作业过程，但因受限于基于平面矢量设计软件，丢失 GIS 数据本身的属性，制约了地图快速编制出图的效率。

（3）基于地理信息软件平台的计算机辅助制图，如 ArcGIS、MapGIS 等。它们基于地理信息空间数据而生，既保留了 GIS 数据的各项特点，又具有强大的 GIS 分析处理功能，能充分利用数据的属性特点快速辅助制图，简便快捷地对地图进行模板符号化，生成各种分析图表。其主要缺陷是在制图美化功能上仍不够灵活，在许多地图的细节复杂表现方面不如平面设计软件，如能将两者的特点相结合，将是地图编制成图的最佳方法。

随着我国经济的发展，基础建设项目如火如荼，城乡变化日新月异，计算机辅助制图技术在满足人们对地图现势性要求方面已捉襟见肘。无论从数据精度上看，还是从制图效率上讲，都与人们的期望值相距甚远。其需要大量人工劳动参与的工作方式，也决定了其难以提高工作效率。

2. 图库一体技术

图库一体技术是一种基于地图数据库进行自动制图技术，通过建立地图数据库，依据制图产品需要由地图数据库自动生成符合一定条件的地图成果。随着图库一体技术的发展，逐步实现一套数据两种用途的目的。即一套 GIS 数据，既支持查询分析，又能支撑地形图快速制作。因此，"建库与制图一体化"思想是今后数据库建设、更新维护的一种趋势。

图库一体是从数据建库到成果展现的重要环节，而如何利用数据库数据实现快速自动制图符号表达一直存在诸多难点。首先，数据库数据是仅存在几何关系的骨架数据，在进行初步的符号化后为了满足复杂的制图效果，就需要在符号属性、制图规则、自由表达三个层面上对同一套数据库数据进行制图编辑，以达到不改变数据本身而实现多种制图效果的数据库制图要求。其次，地图制作过程中 70% 以上的工作量都集中在对注记的编辑，如何高效地实现注记位置的正确放置且提供便利的编辑工具是影响数据库制图优劣的重要因素。最后，制定合理的制图流程，实现大批量库存数据的快速制图、出版，满足各行业对数据库制图的迫切需求，是制图的又一难点。

（三）图库一体化建设现状

1. 贵州模式

贵州省第三测绘院研究了基于地理国情普查信息数据实现地图自动化。先进行基于 ArcGIS 软件的地理国情信息数据快速成图研究，在重复性的制图工作中可模板化流程实现一键成图符号化。初步符号化后，针对涉及大比例尺的地表覆盖图斑到中小比例尺成图进行综合成图。对一些有特殊要求和细节的地理要素拓展 GIS 数据原有的属性，利用 ArcGIS 软件的制图表达功能来达到制图效果。利用 ArcGIS 成图后，再结合平面设计 CorelDRAW 软件进一步美化地图，提高了地图制图效率，改进了地图制图模式，实现了地理国情普查成果信息快速传达表现，一定程度上提高了地图自动化程度。

2. 湖南模式

湖南省第三测绘院研究了基于湖南省不动产统一登记基础数据库快速制图技术，研究从 shapefile 格式建库数据格式到 AutoCAD 格式制图数据转换、1∶2000 比例尺 DLG 数据符号库设计、基于 WCF 跨平台数据传输等技术，设计了快速图库一体化制图流程（图 5-1）。首先，按照数据标准的规定，进行符号库设计，制作好符号库，定制相应的符号化规则。其次，从湖南省不动产统一登记基础数据库提取分幅 DLG 建库数据，通过 WCF 服务技术把提取出来的分幅 DLG 建库数据传输到快速制图服务接口端。快速制图服务接口依据定制好的符号化规则，调用符号库中的相关符号，自动生成分幅的制图数据图形。再次，根据数据的元数据信息生成相应的图廓整饰，最终形成 AutoCAD 格式分幅制图数据成果。最后，把 AutoCAD 格式分幅制图数据成果通过 WCF 服务技术把数据传输到基础数据库管理系统，返回给用户。目前，该技术已应用到 1∶2000 比例尺 DLG 数据快速制图生产中，所生成的制图数据达到了不动产、自然资源等确权调查工作底图的制作要求。

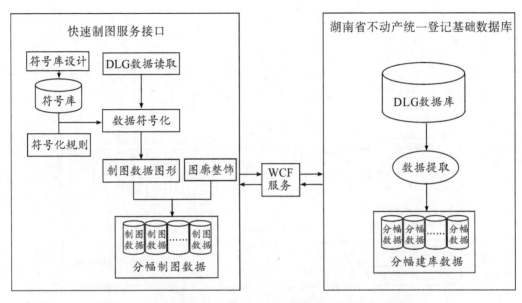

图5-1　基于湖南省不动产统一登记基础数据库快速制图技术制图流程

3. 中国测绘科学研究院

中国测绘科学研究院提出基于地图专家知识模板的快速制图解决方案（图5-2）。地图专家知识模板包括数据分层信息模板、压盖处理信息模板、注记配置信息模板、符号表达信息模板、地图分层信息模板、屏幕表达信息模板等六大地图专家知识模板。基于六大地图专家知识模板，解决注记自动配置以及符号复用等快速制图关键技术，在实现地图标注与符号化的模块支撑下，就能快速自动化地实现地图配图。如果是应急出图，只需要快速自动化地加上地图整饰与图例，就可以立即根据实际需要进行快速出图。最终方案服务于应急出图以及大批量的工程化出图，并在1：250000比例尺公众版地图出图中得到了推广应用。

4. 甘肃省

甘肃省基础地理信息中心提出了基于框架数据库的地图服务方案，其制图方式如图5-3所示。地理信息框架数据是面向服务的数据，与基础地理信息数据相比具有更强的支撑应用能力，框架数据库完成了数据的加工处理，包括：一是数据的拼接、坐标转换、影像及DEM等的切片、电子地图配图等；二是框架数据与基础数据为同一数据源，可同步进行数据更新；三是框架数据内容比较丰富，除基础数据库加工转换得到的基础数据外，还有从行业专题数据、框架数据共享交换得到的各类专题数据。基于框架数据库的制图方式主要是以地图符号库、制图模板为驱动，实现

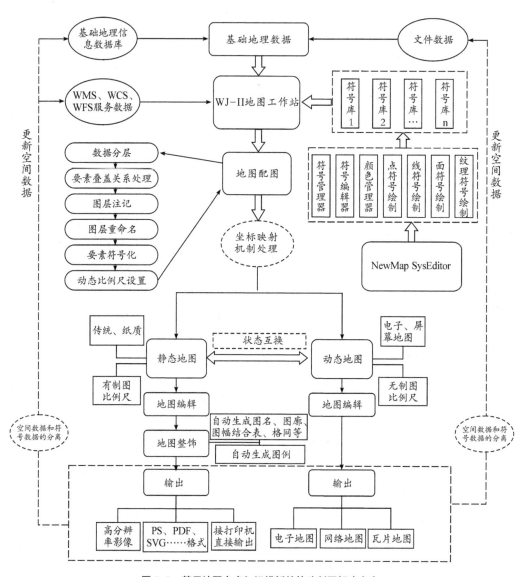

图 5-2　基于地图专家知识模板的快速制图解决方案

自动、半自动要素符号化以及注记配置、编辑、地图整饰等地图编制工序，快速生成任意指定区域初级制图产品，导出到专业制图软件进行少量精细编辑最终形成满足用户需求及出版要求的各类地图产品，实现了制图工序流程化、规模化。

　　基于框架数据库的地图服务方案较大地缩短了地图制图周期，有力保障了甘肃省委、省政府及各职能部门管理决策和重大应急工作对基础测绘成果的需求。2013年 7 月 22 日，甘肃省岷县、漳县发生 6.6 级地震，甘肃省基础地理信息中心在灾后1 小时内就赶制出了受灾区域地图，作为救灾工作用图。随后 5 天时间，甘肃省基础地理信息中心又赶制了 500 多幅救灾专用地图，将灾情信息及时、准确地提供给甘肃

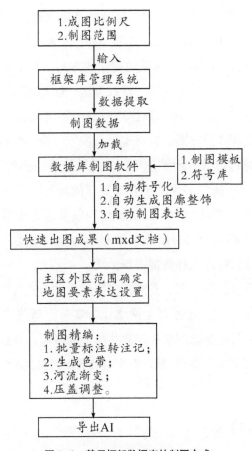

图5-3　基于框架数据库的制图方式

省委、省政府、省军区、省政府应急办、抗震救灾指挥部、省国土资源厅、省住房和城乡建设厅及省水利厅等单位，为灾后伤员搜救、道路抢修、群众转移、救灾物资的运送、安全隐患点的排查以及灾情评估等救灾工作提供了准确、及时、详细的地理、灾情信息，为各项救灾工作保驾护航。

（四）基础地理信息更新技术

地理信息更新是为了保持数据的现势性。由于财政投入有限，传统基础测绘一般采取按周期定期更新的方式。经济发达省区更新时间较短，而欠发达省区通常更新时间都比较长。为了加快数据的更新，很多省区开始每年按要素更新基本比例尺地形图。随着经济社会的快速发展，对地理信息的现势性要求越来越高，多数省区在分析新需求、新形势时都提到数据的高效更新、快速更新、准实时更新等。为实现这个目标，很多省区提出了不同层级比例尺地形图的联动更新，这也是在现阶段管理体制和技术条件下能实现的可行方式。

"十三五"期间，21省区按计划完善辖区范围基础地理信息更新维护机制。其中，河北、内蒙古、辽宁、吉林、黑龙江、江苏、浙江、福建、山东、河南、湖南、广东、甘肃、青海等14省区提出要采用联动更新的方式，约占省区样本总量的66.7%。例如，浙江省数据更新近期目标采用了"逐级推送、联动更新"的方式，建立快速更新生产技术体系。湖南省采用"统一数据库时态＋年度动态更新＋省市县三级联动更新"为主要思路的更新维护方案。吉林省提出按照"统一设计、共同投入、级联更新、成果共享"的思路进行数据的维护更新。尤其值得一提的是，江苏省"十三五"期间实现由单一比例尺更新向多比例尺联动更新的转变，并提出发展智能测绘，重点研究志愿者地理信息采集等技术，以实现地理信息数据更新模式的创新。可以看出，江苏省数据更新思路更为接近新型基础测绘的理想模式，采用互联网大数据和基于移动基站高清摄像的地理信息数据更新模式。

从以上模式可以看出，省、市、县联动更新成为"十三五"期间地方基础地理信息数据的主要更新模式，而"志愿者＋网络化"实时更新将成为未来新型基础测绘的更新方向，也体现了新型基础测绘"开放共享"的特点。在这个方面，江苏、浙江等省的实践显然走在了各省区的前面。新型基础测绘最终将实现"一次采集，联动更新"。

1. 省、市、县联动更新

江苏省基础地理信息中心针对目前省级基础地理信息更新大多采用周期性的全要素与重要要素交替更新的方式，取得了较好的成效。但省级全覆盖的基础地理信息生产周期长，现势性较弱，离按需适时更新的目标有较大差距。市、县级基础地理信息更新周期比较灵活，现势性较好，但要素更新的全面性较弱。因此，需要建立省级和市、县级基础地理信息数据之间的关联，探索不同层级间基础地理信息联动更新方式，解决基础地理信息现势性低、数据完整性差等问题。

江苏省探索加强对省、市、县基础地理信息资源更新的统筹，在统一更新技术标准的基础上，充分调动各级地方测绘地理信息部门参与，省级和市、县级单位按照各自的基础测绘生产模式组织本级数据的生产，分别负责相应地区地理信息的变化发现、信息获取和数据更新，融合多种变化发现技术获取数据变化量。同时，构建全省的联动更新信息共享平台，通过平台实时将更新区域或变化信息进行推送，实现省、市、县基础地理信息数据的联动更新，具体技术路线如图5-4所示。

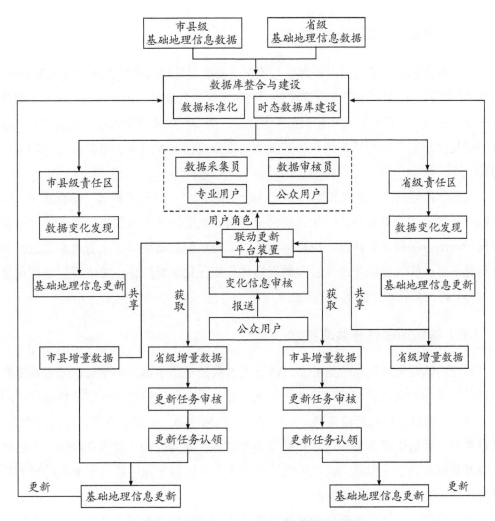

图5-4　江苏省、市、县联动更新具体技术路线

省、市、县基础地理信息联动更新以保障机制为基础，以基础地理信息数据为立足点，从数据要素更新、生产组织方式、联动更新流程等方面实现各级部门协同作业。按照"一次获取、联动更新"的思路，各级测绘地理信息部门各自获取基础地理信息数据变化量，基于联动更新共享平台展示、推送基础地理信息变化要素及范围，完成各级数据库的更新，最终成果服务于基础测绘生产、地理信息公共服务平台建设、行业部门专题应用等。通过整合省、市、县不同尺度的基础地理信息资源，以变化信息发现为推动，制定省、市、县协同分工的联动更新机制，优化基础地理信息更新流程，实现不同尺度基础地理信息数据的优势互补，提高各级基础地理信息的现势性和完整性。

2."志愿者＋网络化"实时更新

江苏省将志愿者模式引入地理信息采集。要实现地理信息数据的实时快速更新，单靠专门的队伍按周期进行全面测绘是无法实现的，且成本巨大。在这个"人人都是测绘者"的时代，只有引入社会大众的力量，才能实现效率的最大化。目前只有江苏省明确提出志愿者地理信息采集，其做法非常值得借鉴和思考，也将成为一种发展趋势。

江苏省将地理信息采集和生产、管理的"网络化""志愿者模式"结合起来，实现地理信息的快速更新和实时化。规划中提出，建立快速获取和更新基础地理信息数据的技术方法和工艺流程，构建网络环境下的新型基础测绘生产管理和质量控制信息化平台，实现测绘生产全过程的网络化、流程化、智能化。将志愿者地理信息采集与分析挖掘技术作为重点研究技术。

（五）基础地理信息共享技术

传统的基础地理信息数据分发，需要通过数据领用申请，采用数据光盘及纸介质产品等多种形式向政府部门及社会提供。随着各地数字城市、数字县域地理空间框架建设，各地基础地理信息共享交换建设，以网络为主要传播介质，以信息发布、信息查询、导航引擎、地理信息开发应用等信息服务为内涵，通过互联网站、内网共享基础地理信息。但是，这些传统共享方式主要以静态地图或电子地图的形式提供背景空间信息服务，应用水平低。

与大数据、云计算等新技术融合发展已成为共享技术发展的新趋势，在各地基础测绘规划中得到充分重视，主要体现在以下几点：一是大数据中心的建设。河北、山西、吉林、黑龙江、江苏、浙江、山东、河南、湖南、四川、陕西、甘肃等12省及宁波、潍坊等市，明确提出要建设"大数据中心"，要利用大数据技术，建设跨行业、跨层级的时空信息大数据，要关联整合多部门的多维、多源、多类型信息资源，形成信息资源的快速共享、互联互通。大数据中心的建设体现了不同技术、不同数据、不同层级的融合，是"十三五"时期各地建设的重要任务。二是时空信息云平台的建设。河北、山西、内蒙古、辽宁、吉林、黑龙江、江苏、浙江、福建、山东、河南、湖南、广东、广西、四川、云南、陕西、甘肃、青海、宁夏等20省区都提出要建设时空信息云服务平台，占省区样本总量的95%。云平台主要采用云计算技术，实现时空数据资源的按需调用、数据动态分析处理、云端制图表达、时空信息挖掘与决策支持等，提供目录服务、定位服务、处理服务和分析服务等多方位服务。

1.无锡市

针对原基础地理信息共享交换平台存在的不足，无锡市自然资源和规划局开展了软件升级和跨行业示范应用的定制开发工作。充分运用云计算、3S技术以及物联网、大数据等新一代信息技术，进一步梳理整合地理信息资源，建设空间地理大数据库。研发一套数据获取及管理软件，以支撑空间地理大数据的管理与应用服务。优化和提升平台的服务能力、运维能力，对平台门户及运维服务进行升级改造，满足高效、快速、稳定的服务访问需求，提升用户体验。基于服务接口和地理大数据库，结合应用建设需求，建设大数据可视化平台，为政府各级部门、企业和社会公众提供地理信息资源服务，为智慧无锡建设夯实基础。针对弱GIS应用部门，平台提供网站访问、服务订阅、定制应用、标准开发接口、在线数据同步更新、服务器托管、服务注册等服务。

2.哈尔滨市

哈尔滨市基础地理信息共享和服务系统立足信息化测绘，更新完善地理信息数据，基于云计算、移动互联网等信息技术，结合政务、公众等多元需求，构建具备云服务、二三维一体化等技术的基础地理信息共享与服务系统。

三、防城港市基础地理信息建设现状及需求分析

（一）基础地理信息建设现状

1.基础地理信息数据现状

（1）DLG数据。1∶500比例尺DLG数据生产方面，2010年完成了44.96平方千米1∶500比例尺的防城港市城镇地籍调查项目，2015年完成72.92平方千米的1∶500比例尺地形图。1∶1000比例尺DLG数据生产方面，2009年完成了44.12平方千米1∶1000比例尺的企沙工业园测绘项目，2010年完成了12.27平方千米1∶1000比例尺的西湾西岸测绘项目。1∶2000比例尺DLG数据生产方面，2015年完成了建成区范围102.92平方千米的1∶2000比例尺地形图测绘。1∶10000比例尺DLG数据生产方面，2015年完成防城区、港口区2822平方千米的1∶10000比例尺地形图测绘。1∶250000比例尺DLG数据生产方面，2015年完成辖区6238平方千米的1∶250000比例尺地形图测绘。

（2）DOM 数据。1∶2000 比例尺 DOM 数据生产方面，2015 年完成防城港市重点建设区域 1200 平方千米的 1∶2000 比例尺 DOM 生产。1∶10000 比例尺 DOM 数据生产方面，2015 年完成防城区、港口区 2822 平方千米的 1∶10000 比例尺 DOM 生产。1∶1000 比例尺 DOM 数据生产方面，2019 年完成了 95.29 平方千米 1∶1000 比例尺的江山半岛 DOM 生产。

（3）DEM 数据。1∶2000 比例尺 DEM 数据生产方面，2015 年完成了建成区范围 124 平方千米的 1∶2000 比例尺 DEM 生产。1∶10000 比例尺 DEM 数据生产方面，2015 年完成了防城区、港口区 2822 平方千米的 1∶10000 比例尺 DEM 生产。1∶250000 比例尺 DEM 数据生产方面，2015 年完成了防城港市行政辖区 6238 平方千米的 1∶250000 比例尺 DEM 生产。

（4）实景三维数据。机构改革后，住建系统移交中心城区实景三维模型数据约 100 平方千米。

（5）地名地址数据。2015 年完成了"数字防城港"地理空间框架项目的防城港市 1∶10000 地名数据整合 10044 条，完成防城港市主建成区兴趣点采集 6249 条。

2. 基础地理信息数据库建设现状

防城港市自然资源局在"数字防城港"地理空间框架项目建设过程中开展基础地理信息数据库建库，整合了自然资源综合数据库，建成了地理信息数据中心管理系统。

（1）基础地理信息数据库。"数字防城港"基础地理信息数据库包括 1∶500 数据库、1∶2000 数据库、1∶10000 数据库、1∶250000 数据库、地名地址数据库等（表5-1），实现对 DLG、DEM、DOM、地名地址数据的多尺度、多类型数据的一体化管理。

（2）自然资源综合数据库。自然资源综合数据库建立了土地利用现状数据库、城镇地籍数据库、土地利用总体规划（市域）数据库、土地利用总体规划（乡镇级）数据库、综合监管数据库、地质灾害数据库、不稳定耕地数据库、耕地分等定级数据库、卫片执法数据库、地价图数据库、矿产储量数据库、探矿权数据库、基本农田（规划）数据库、土地登记数据库等 14 个自然资源业务数据库。

（3）地理信息数据中心管理系统。地理信息数据中心管理系统提供对多来源、多比例、不同粒度、多时相的数据的集成与管理，为数据的使用、发布和共享提供数据支撑环境。系统包含数据处理、数据仓库、成果应用、运维管理四大模块。系统对基于统一行业规范和政策指导建设的基础地理信息数据和公众服务地理信息数据，采用目录树的方式进行集中管理，真正实现"数字防城港"涉及的城市地理空间信息"一张图"管理。

表5-1　"数字防城港"基础地理信息数据库

序号	比例尺	数据库内容	覆盖范围
1	1：500	DLG	防城港市建成区72.92平方千米
2	1：2000	DLG	防城港市建成区102.92平方千米
		DOM	防城港市重点建设区域949平方千米
		DEM	防城港市建成区124平方千米
3	1：10000	DLG	防城港市防城区、港口区
		地名数据	
		DOM	防城港市防城区、港口区
		DEM	防城港市行政辖区
4	1：250000	DLG	防城港市行政辖区
		DEM	防城港市行政辖区

3. 基础地理数据共享现状

（1）《防城港市基础测绘规划文本（2006—2020年）》。《防城港市基础测绘规划文本（2006—2020年）》考虑防城港市各行业对基础测绘成果的需求，成果较好地满足自然资源、城市建设、城市规划、旅游、水利、交通、环保等政府职能部门对基础测绘成果的需求，实现了基础测绘成果多部门同时利用的良好局面；避免了重复测绘，最大限度地节约社会资金，减少政府重复资金投入。

（2）"数字防城港"地理空间框架。"数字防城港"地理空间框架项目完成了"数字防城港"地理信息公共服务平台建设，同时基于防城港市地理信息公共平台完成测绘成果分发管理系统、土地征收信息档案管理系统、防城港市旅游信息系统、公安信息管理系统、森林信息系统数据接口五个应用示范系统。

"数字防城港"地理信息公共服务平台包含政务版和公众版。政务版地理信息公共服务平台包括交换管理子系统、运维管理子系统、在线服务子系统、辅助应用子系统和政务版平台门户网站；公众版地理信息公共服务平台包括交换管理子系统、运维管理子系统、在线服务子系统和公众版平台门户网站。防城港市地理信息公共平台为公众提供网上地理信息查询服务，实现了面向政府、部门与公众的地理信息服务。在一定程度上解决了跨部门数据共享和跨部门行业应用的问题，初步实现信息资源的共享和信息服务社会化，为防城港市的各项工作提供信息服务。

测绘成果分发管理系统、土地征收信息档案管理系统、防城港市旅游信息系统、公安信息管理系统、森林信息系统数据接口五个应用示范系统，主要向行业提供基础地理信息数据共享，推进地理信息资源的应用服务，实现对政府宏观管理辅助决策支持。

（3）"天地图"市级节点更新。按照《天地图数据融合技术要求》及相关技术标准、规范的要求，2020 年 7 月初提交了防城港市"天地图"融合市级数据，范围包括市行政区域数据（县级、乡镇级、村级）、基础设施及城市道路（中心城区），数据成果已汇交成功。

（二）存在问题

通过调研分析，防城港市现有测绘基础地理信息体系建设滞后于当前测绘新技术发展步伐，已难以满足信息化测绘技术发展的需要，主要存在以下六个方面问题。

1. 基础地理信息数据内容缺口较大

防城港市基础地理信息数据在大比例尺基础地理信息数据更新和维护方面存在较大缺口。防城港市 1∶500、1∶1000、1∶2000 比例尺地形图覆盖范围较小，而且数据较陈旧，大部分是 2009 年、2010 年、2015 年生产的，更新周期较长。目前，1∶1000 比例尺 DOM 有 2019 年 95.29 平方千米的江山半岛航拍测量项目；1∶2000 比例尺 DOM 只有早期 2015 年生成的防城港市重点建设区域的 1200 平方千米 DOM，时相较旧；1∶2000 比例尺 DEM 只有早期 2015 年生成的市建成区范围的 124 平方千米 DEM，数据整体现势性差，应用服务的能力大打折扣。

2. 基础地理信息数据更新能力需进一步提升

2019 年 10 月，《广西壮族自治区测绘管理条例》出台，对设区的市、县级基础测绘成果的生产和更新提出了具体要求。《广西壮族自治区测绘管理条例》第九条规定："基础测绘成果实行定期更新制度。设区的市、县级基础测绘成果的更新周期不超过两年，其中城市建成区基础测绘成果更新周期不超过一年，行政区划、道路等核心要素应当及时更新。"目前，防城港基础测绘数据的现势性不够，亟须进一步提升基础地理信息数据更新能力。

3. 基础地理信息数据库建设有待加强

防城港市已建成了基础地理信息数据库，整合了自然资源综合数据库，建立了地理信息数据中心管理系统。这些数据库建设时间较早，与现在自然资源"两统一"管理的需求和其他行业、部门需求之间已经不能很好地匹配适应，造成了相关部门反映的基础地理信息数据不好用，或者只做一个底图的功能，没有充分发挥基础地理信息数据的内在价值。

4. 基础地理信息数据库管理有待加强

防城港市自然资源局对基础地理信息数据与数据库的管理模式，还是按照传统的基础测绘成果进行管理。随着新时代新技术发展，地理信息数据进入"大数据"时代。传统的管理模式已经不能很好地满足高效数据检索与调用、二三维一体可视化管理的要求。

5. 基础地理信息数据共享机制有待建立

防城港市辖区单位还是较多按照传统的基础测绘成果领用流程进行基础测绘数据成果领用。虽然"数字防城港"地理空间框架项目完成了"数字防城港"地理信息公共服务平台建设，同时基于防城港市地理信息公共平台完成了测绘成果分发管理系统、土地征收信息档案管理系统、防城港市旅游信息系统、公安信息管理系统、森林信息系统数据接口五个应用示范系统，也开放了数据共享接口，但是由于宣传、数字城市更新机制等原因，防城港市辖区单位对此种共享方式使用不够充分。防城港市基础地理信息数据共享机制有待建立。

6. 基础地理信息系统跨界融合明显不足

防城港市现有基础地理信息系统与大数据、云计算、人工智能等新型信息技术深度融合远远不够，在服务新时代经济社会发展和自然资源管理方面能力不足。防城港市现有基础地理信息系统支撑自然资源调查监测等工作的潜力尚待发掘。防城港市现有基础地理信息产品形式、服务方式需要按照深度融入经济社会发展和自然资源"两统一"管理的要求进行变革调整。

（三）需求分析

随着机构改革，测绘地理信息事业站在新的历史起点，被赋予了新的使命，全面融入自然资源管理，支撑"两统一"职责。2019 年 11 月印发的《自然资源部信息化建设总体方案》提出，围绕自然资源"两统一"职责的行使，整合、集成和规范土地、地质、矿产、海洋、测绘地理信息等各类数据库，建立三维立体自然资源"一张图"。建设自然资源"一张图"，离不开基础地理信息。当前，建设三维基础地理信息，模拟自然资源在地理空间的真实情况，还原自然资源的实际状况，从技术层面助力自然资源管理维度升级，成为基础测绘的重要课题。

防城港市现有基础地理信息尚未具备完全自主可控的三维立体自然资源服务能力。为此，亟须加快防城港市基础地理信息"一张图"建设，构建与自然资源"一张图"统一的、高精度、三维、动态服务共享的测绘地理信息，形成由"二三维一体时空数据库＋库管系统＋服务平台"组成的基础地理信息"一张图"体系，建设防城港市基础地理信息二三维一体时空数据库，建设防城港市基础地理信息数据更新与管理系统，建设防城港市基础地理信息"一张图"服务平台。基于全市统一的基础地理信息"一张图"体系，为自然资源管理和各行业开展与地理空间信息相关的数据采集、加工和管理提供实时、高精度、三维本底服务。持续完善、维持与更新，显著提升防城港市现代测绘地理信息成果的现势性和综合服务能力。

防城港市部分区域的基础地理信息数据现势性陈旧，尤其是城市经济建设快速发展和建设，导致城市与历史地理信息数据差别较大，这已严重制约测绘地理信息的社会服务功能。另外，防城港基础地理信息数据在管理方式和共享提供方式上过于烦琐，使得很多本应该城市基础测绘提供的免费共享成果，用户却更愿意自己去购买或获取，使基础地理信息数据的获取与更新陷入了基础测绘不好用、不能用的恶性循环。为此，必须综合运用"二三维一体时空数据库＋库管系统＋服务平台"的基础地理信息"一张图"体系，动态更新数据，动态更新服务，服务自然资源管理，为各行业提供个性化服务共享，为防城港市经济社会发展、生态文明建设、国防安全建设、自然资源确权与管理提供高精度实时可靠的在线或离线的基础地理信息成果服务。

可以预见，"十四五"期间我国将全面建设信息化测绘技术体系，测绘科技创新发展日新月异。防城港市信息化测绘技术体系的建设与发展，需要建立在基础地理信息"一张图"体系的基础上，建成防城港市基础地理信息二三维一体时空数据库、防城港市基础地理信息数据更新与管理系统，建设防城港市基础地理信息"一张图"服务平台，作为地理空间信息应用的统一基础和技术支持，以满足防城港社会经济建设对基础地理信息成果的需求。

四、"十四五"期间防城港市重点工程研究

(一)工作思路

自然资源三维立体 "一张图" 建设是以覆盖全国、年度更新的各种比例尺的基础地形 DLG 数据、遥感影像 DOM 数据、DEM 数据、DSM 数据为背景,集成整合地下空间、地表基质、地表覆盖、业务管理等各类自然资源和国土空间数据,按照统一标准构建三维立体 "一张图",全面真实地反映自然资源现实状况和自然地理格局,为国土空间规划、用途管制、耕地保护、审批监管等自然资源管理和决策提供重要支撑和保障。

防城港市基础地理信息 "一张图" 是传统测绘地理信息的继承和发展,更是自然资源三维立体 "一张图" 建设的基础底图,为自然资源管理和经济社会发展提供统一的二三维一体的基础地理信息资源,承担着自然资源三维立体 "一张图" 建设的基础地理信息数据支撑。在基础地理信息 "一张图" 顶层设计上,应充分考虑自然资源管理需求,统一分类体系、统一采集标准,重点考虑与政府部门之间的数据共享及政府与社会之间的信息交互,为防城港市城市发展和重点项目建设提供基础数据支撑。

防城港市基础地理信息 "一张图" 体系建设,建成 "地理实体 + 多比例尺 + 多源" 基础地理信息二三维一体时空数据库,主要包括 DLG、DOM、DEM、实景三维模型、地名地址等数据。建设基础地理信息数据库管理系统,实现二三维一体可视化管理,实现防城港市基础地理信息数据动态更新。建设基础地理信息综合服务平台,服务自然资源管理,提供个性化服务共享,实现动态服务更新。结合防城港市自然资源业务管理的实际需要,按照 "二三维一体时空数据库 + 动态更新库管系统 + 综合服务平台" 总体建设思路(图 5-5),开展防城港市基础地理信息 "一张图" 建设,以满足 "十四五" 时期和到 2035 年防城港市经济社会发展、智慧城市建设、生态文明建设、国防安全建设、自然资源确权与管理对高精度基础地理信息的服务需求。

(二)基础地理信息二三维一体时空数据库建设

1. 目标

建设防城港市 "地理实体 + 多比例尺 + 多源" 基础地理信息二三维一体时空数

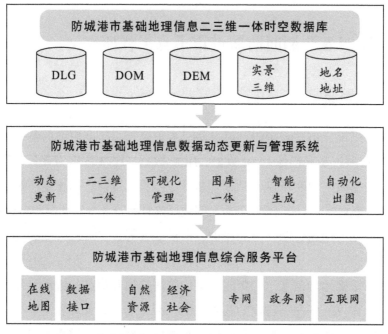

图 5-5 防城港市基础地理信息"一张图"体系建设总体思路

据库，包括 DLG、DOM、DEM、实景三维模型、地名地址等数据。引入地理实体的概念，DLG 数据更新以更新 1：1000 比例尺 DLG 数据为主，以实体化表达的理念，破除固定比例尺限制，使地物被唯一、完整且准确地表达，以"一个实体只测一次"的标准来重新定义 DLG 数据。

2. 主要任务

进行 1：1000 比例尺 DOM、DLG 数据更新，开展基于现有基础地理信息数据向地理实体数据转换关键技术研究，实现 1：1000 比例尺 DLG 数据实体化生产。完成基础地理信息二三维一体时空数据库建库工作。收集整理 DLG、DOM、DEM、实景三维、地名地址等类型地理信息数据，建立分区域、分时相的二三维一体数据库。对年度生产的测绘基准建设成果、多尺度多时相航空航天遥感影像数据、DOM 和 DLG 等基础地理信息数据进行检查入库。

3. 建设方法

整合收集防城港现有地理信息数据，精准对接自然资源业务管理需求，衔接自然资源管理相关分类标准，优化调整和完善全要素分类体系，充分考虑自然资源管理需求，统一分类体系、统一采集标准。建成防城港市"地理实体 + 多比例尺 + 多源"基础地理信息二三维一体时空数据库,主要由主体数据库和元数据库两个数据库构成。其中,主体数据库包含空间数据库和非空间数据库。空间数据库内包含 DLG、DOM、DEM、实景三维数据、地名地址等多种数据类型。非空间数据库包含的数据类型主要是表格、文档、图片和档案。元数据库包含矢量元数据、栅格元数据及其他元数据。实现多元、多尺度、多时相数据的二三维一体整合,支撑地理信息数据的二三维真实表达、综合空间叠加和在线应用。

不同于传统固定比例尺的点、线、面数据库,二三维一体时空数据库将探索建设新型基础测绘体系地理实体数据库,以 1:1000 比例尺 DLG 为基础,采用实体化表达的方式,破除固定比例尺限制,唯一、完整且准确地表达地物地貌。数据库通过地理实体的唯一描述,将历史的各种数据资料、现有的遥感影像、实景三维数据等不同产品集成于一体进行关联建库。

DLG 数据以生产 1:1000 比例尺 DLG 数据为主,1:2000 比例尺 DLG 数据可根据实际需要利用 1:1000 比例尺 DLG 数据进行自动缩编和自动出图。采取这种方式生产 DLG 数据可以只生产 1:1000 比例尺数据,更新维护也只针对 1:1000 比例尺数据,不用同时维护多种比例尺的多套数据,有效减少数据更新工作量。

基础地理信息二三维一体时空数据库组织存储须适应管理与应用的需求,需要设计面向时空数据存储模型与面向数据库制图的地形制图数据一体化组织模型,以实现地形要素的动态增量更新与基于数据库的自动化制图。同时,基础地理信息二三维一体时空数据库的设计需从物理安全、网络运行安全、信息安全保密等方面设计安全体系,做好数据访问、备份、分发和系统监控各个环节的安全保障工作。

(三)基础地理信息数据动态更新与管理系统建设

1. 目标

基于"数字防城港"地理空间框架建设项目中的数据库管理系统,建设二三维一体化数据库动态更新与管理系统,实现对多源基础地理信息数据的集中存储与统一管理和动态更新。

2. 主要任务

以 1:1000 比例尺 DLG 为基础,系统联动更新地理实体,自动化制图出图生成 1:1000 比例尺 DLG、1:2000 比例尺 DLG 等地图产品;具有二三维一体可视化管理、多时相管理、动态更新地理实体数据、图库一体、智能制图出图、发布和管理地图服务等功能，实现对多源基础地理信息数据的集中存储与统一管理，实现动态更新、提供应急快速制图等应用服务，保障数据库的现势性，拓展基础库的应用价值，提高基础库的实用性，满足多样化服务需求，在信息域上实现时间空间一体化和二三维一体化。

3. 建设方法

基于"数字防城港"地理空间框架建设项目中的数据库管理系统，建设防城港市基础地理信息数据库动态更新与管理系统，依托网络传输与防城港市基础地理信息二三维一体时空数据库进行数据通信，管理和动态更新防城港市基础地理信息二三维一体时空数据库。

系统既能以 DOM+DEM 为底，叠加实景三维数据，叠加 DLG、地名地址等数据一体化管理，可以查看分析对比地理实体、现势库、历史库等多时期数据，又能将地形要素按任意区域范围、任意要素进行增量更新，实现一套数据两种用途，即一套 GIS 数据既支持查询分析又支撑地形图快速制作，可自动化输出多种比例尺地形图。

系统采用地形要素动态增量更新技术，实现动态更新地理信息数据，实现地形要素按任意区域范围、任意要素进行增量更新，可支持历史数据查看与回溯，支持工程化的数据更新模式，同时支持不同的更新方式，提供冲突检测更新、锁定更新、替换更新，追加更新等技术模式，做到了更新过程自动化与可视化。

系统支持二三维可视化管理，三维地图采取切片形式进行组织，在 45° 光线的渲染下，利用图像坐标与地理坐标的相互转换关系，实现多种地图形式的联动显示。

（四）基础地理信息综合服务平台建设

1. 目标

结合现有的"数字防城港"地理信息公共服务平台，探索建设开放、共享的基础地理信息综合服务平台，实现基础地理信息的二三维行业共享。

2. 主要任务

通过基础地理信息综合服务平台建设，实现海量多元、多尺度、多时相数据的二三维一体整合，支撑自然资源三维立体"一张图"建设，兼顾社会经济要素。研究公众需求数据与基础地理信息数据的相互关系，提供个性化的地理信息产品和资源接口。开展"一张图"服务动态更新，实现快速将新的基础地理信息更新到"一张图"

服务中，优化服务更新的时效性，提供现势性高的基础地理信息共享。

3. 建设方法

充分对接"数字防城港"地理空间框架建设项目的地理信息公共服务平台，建设防城港市基础地理信息综合服务平台，把基于地理信息产品发布成基于开放地理空间信息联盟（Open Geospatial Consortium，OGC）标准的服务，实现地理信息共享。

平台提供在线地图，提供二三维一体在线地图浏览、检索、叠加、导航等功能，提供地理信息数据共享接口，提供自然资源服务和公共个性化定制服务，支持专网、政务网、互联网等多网络环境。平台服务动态更新，实现快速将新的基础地理信息更新到"一张图"服务中，优化服务更新的时效性，提供现势性高的基础地理信息共享。实现支撑自然资源"一张图"建设和自然资源管理，满足防城港市经济社会建设对基础地理信息成果的需求，助力防城港市经济社会发展。

平台可服务自然资源管理，精准对接自然资源管理需求，衔接自然资源管理相关分类标准，优化调整和完善全要素分类体系，充分考虑自然资源管理需求，统一分类体系、统一采集标准。平台提供在线地图，可把自然资源业务、图层等加载到平台中，支撑自然资源管理。平台的基础地理信息数据动态更新，特别是实景三维动态更新，可用于大范围的自然资源调查、监测等工作。平台的动态更新数据接口，可为自然资源"一张图"提供活的基础地理信息底图，服务于国土空间规划、用途管制、自然资源确权登记、调查监测、土地利用评价、应急救灾、乡村振兴、生态保护等方面；可避免重复测绘、节省财政资金，通过充分发挥数据作用，切实有效保障自然资源管理。

平台按照按需服务的理念，强化对新时期经济社会发展需求的跟踪分析和及时响应。兼顾社会经济要素，开展个性化服务，研究经济社会需求数据与基础地理信息数据的相互关系，提供个性化的地理信息产品和资源接口。特别是实景三维等数据的动态更新和良好的现势性，可用于公益权益维护、城市违法违规行为监测等工作，为政府重要工作决策、重大项目落地、招商引资、社会治理、优化营商环境等提供有力支持。

平台的动态更新数据接口，支撑信息化建设，提供"一张图"和空间服务，使得政府部门、企事业单位、公众个人可调用基础地理信息服务，有力支撑各行业需求、服务经济社会发展需要，并为城市管理工作的各个领域提供了一种更科学高效、更智能化的手段。

五、2035 年预期及主要措施

（一）预期目标

秉持自主可控、国产替代、安全保障原则，持续进行防城港市基础地理信息建设升级研究，进一步精化实体数据库，构建基础地理信息数据实时联动更新系统，构建开放式的综合服务平台，形成强现势性、高精度的地理实体"一张图"服务体系。开展地理实体精细化改造技术、实时更新模式创新、海量多源数据实时服务等技术攻关，搭建基于云平台、区块链和大数据等新技术的新型地理信息服务平台，满足经济社会快速发展背景下的城市管理、公共安全、民生服务等信息化建设对统一地理信息空间数据的需要，更好地为"智慧防城港"持续建设提供技术支撑。

（二）规划任务

1. 自然资源应用服务平台

围绕自然资源部门统一行使全民所有自然资源资产所有者职责，统一行使所有国土空间用途管制和生态保护修复职责，实现山水林田湖草整体保护、系统修复、综合治理的目标，建设基于地理信息实体的完善统一、自主可靠、权威唯一、高精度、强现势性的自然资源应用服务平台，研发 AI+ 地理智能体的自然资源全要素提取、确权等方案，研发 AI+ 时空大数据的全域智能自然资源调查、监测等方案，为自然资源管理、国土空间规划等提供技术支撑。

2. 违建动态监测系统

针对城区城中村密集违建、城区开发商违规拖延建筑物建设进度、郊区或农村违规建房等情况，开展防城港市建筑物动态监测技术应用研究。基于 AI+ 地理智能实体的城区城中村密集违建动态监测技术，基于 AI+ 时空大数据的城区开发商违规拖延建筑物建设进度动态监测技术，基于 AI+ 遥感大数据的郊区或农村违规建房动态监测技术，建立防城港建筑物动态监测系统，智能监测防城港城区、郊区、农村的建筑物违建情况，实时推送违建警报，为防城港发展提供有力支持。

3. 城市发展决策支持系统

城市发展决策支持系统基于防城港实时地理实体服务，从波光荡漾的河流到拔地倚天的高楼大厦，从地上的道路桥梁到地下的管线，整个防城港市都被"装"进了城市发展决策支持系统，通过电脑可以随时调看，每一个元素的位置、坐标、建筑高度都进行了精确标示。全市的道路、桥梁、水系、植被、城市风貌都可以在这个平台上一览无余。一个公交站点、一棵树、体育场的设施都可以在地图上看清楚。地理实体的高精度，保障了城市发展决策支持系统的真实性。地理实体的强现势性，保障了城市发展决策支持系统的时效可靠性。城市发展决策支持系统可实现城市设计、城市规划、市政设施修复、社区治理等城市发展决策支撑功能。

第六章

新型基础测绘

体系建设

一、研究背景

随着我国信息化建设进程的不断加快，传统基础测绘内涵不够丰富、产品不够多样、服务不够宽泛、生产体系不够完善等短板日益凸显。一方面，现有的基础测绘成果是按照多年不变的标准生产的，虽然形式上变成了数字的，但执行的标准还是纸质地形图的标准。由于投入不足和统筹协调不够等原因，基础测绘成果更新速度难以满足实际需要，国家、省、市、县数据难以共享，做不到协同更新和服务。另一方面，测绘地理信息 3S 技术与互联网、物联网、云计算、人工智能等新技术的跨界融合，从数据采集、处理、分析到面向用户的"地理信息 + 专题"多元化应用服务，全过程实现自动化、智能化、网络化和实时化。科技发展推动测绘技术体系的升级换代，突破了一些核心技术瓶颈，催生了一批新业态、新需求，倒逼测绘成果形式与内涵、基础测绘生产组织方式、服务模式、测绘行业管理政策机制的创新。

我国经济社会战略转型、全面深化改革以及国家重大战略的相继实施，经济社会各领域对基础测绘地理信息服务的需求愈加强烈，同时也对地理信息服务的个性化、实时性提出了更高的要求。在当前我国经济社会发展的背景下，基础测绘亟待转型升级、创新发展，建立适应新时代要求的新型基础测绘体系，全面提升基础测绘保障服务能力和水平。

新型基础测绘体系建设专题研究以平南县新型基础测绘体系建设为例，在充分分析"十四五"时期和到 2035 年国家、自治区新型基础测绘体系建设发展形势的基础上，围绕新型基础测绘生产方式、作业方法、数据成果和服务模式开展创新研究，探索"一个实体只测一次"的数据采集、联动更新方式，建立无尺度的地理实体数据库，形成"一库多能、按需组装、定制服务"的新型基础测绘产品地理实体数据库。研究提出"十四五"时期和到 2035 年平南县新型基础测绘体系建设的工作思路和主要目标、重点任务、重点指标。

二、研究现状与需求分析

（一）新型基础测绘提出背景

原国土资源部副部长、原国家测绘地理信息局局长库热西最早提出新型基础测绘。2014年7月，库热西局长在2014年全国测绘地理信息局长座谈会上发表讲话中提出："要坚持需求决定生产的导向，建立健全基础测绘体制机制，加快建设新型基础测绘体系，夯实事业发展的数据资源基础，大幅提升基础地理信息资源供给能力，牢牢把握住国家战略性信息资源的主动权。"2014年10月，《国家测绘地理信息局全面深化改革的实施意见》正式出台，确立了包括建设新型基础测绘体系在内的六大体系和六大能力的目标任务。2015年6月，国务院批复同意《全国基础测绘中长期规划纲要（2015—2030年）》（以下简称《规划纲要》），明确"到2030年，全面建成新型基础测绘体系，为经济社会发展提供多层次、全方位基础测绘服务"。自然资源部组建后，2019年1月，自然资源部部长陆昊在全国自然资源工作会议讲话中提出："加快基础测绘转型升级，增强测绘地理信息公共服务能力，促进地理信息产业高质量发展。"

《规划纲要》出台后，恰逢"十三五"规划制定和实施时期。国家和各省、自治区、直辖市基础测绘相关管理和建设部门纷纷围绕新型基础测绘体系构建开展了系列探讨和研究工作。

1. 原国家测绘地理信息部门对新型基础测绘的解读

2015年7月17日，在全国测绘地理信息局长座谈会上，国家测绘地理信息局副局长王春峰对新型基础测绘体系进行了解读。基础测绘在测绘地理信息公共服务布局中处于基础地位，《规划纲要》明确基础测绘转型发展的方向为新型基础测绘，主要特征为"全球覆盖、海陆兼顾、联动更新、按需服务、开放共享"。采用"新型基础测绘"这一术语，其用意主要是强调基础测绘转型过程既包含继承也孕育发展。"新型"意味着变化、变革，要根据当前经济社会发展新形势，对现有基础测绘技术、生产、服务和管理等进行与时俱进的调整、完善。保留"基础测绘"术语不变，意味着"新型基础测绘"仍然是基础测绘，《中华人民共和国测绘法》《基础测绘条例》等法律法规所确立的基本工作内容仍然需要遵守，经过多年努力建立起来的基本管理制度和投入机制不受影响。

《规划纲要》中将新型基础测绘建设具体内容归纳为：一是建成全国现代测绘基

准网（一网）；二是完善及动态更新国家基础地理信息数据库（一库）；三是建设与运行全国地理信息公共服务平台"天地图"（一平台）；四是开发一系列新型测绘地理信息产品（系列产品）；五是向社会、政府和公众提供灵性化的地理信息服务（灵性化服务）。

2. 各省市机构单位对新型基础测绘的认识

《规划纲要》出台后，各省、自治区、直辖市纷纷在其测绘地理信息事业"十三五"规划或基础测绘"十三五"规划中明确提出了开展新型基础测绘建设。河北、山西、内蒙古、辽宁、吉林、黑龙江、江苏、浙江、福建、山东、河南、湖南、广东、广西、四川、云南、西藏、陕西、甘肃、青海等20个省区测绘地理信息局将新型基础测绘写进了基础测绘"十三五"规划的发展目标、指导思想或原则中，大部分省区还在保障措施中明确，要按照新型基础测绘要求加大经费投入、加强创新人才培养，调整现有队伍布局等。

"十三五"规划中各省、自治区、直辖市在新型基础测绘发展总体理念中体现以下特点：一是"融合"成为现代测绘技术发展趋势，二是"开放共享"成为重要发展趋势，三是从"重建设"转变为"建设服务并重"。基础测绘工作重点由以测绘基准建设、基础地理信息采集为主，向以测绘基准管理服务、基础地理更新共享与公共应用服务为主转变，强化基础测绘服务的公共性和权威性。

（二）新型基础测绘内涵理解与研究现状

新型基础测绘核心内容之一是开展地理实体数据采集，实现基于地理实体的地理信息数据建库。因此，要准确分析地理实体的概念内涵，提出地理实体的描述表达方法、空间维度和属性特征的描述粒度以及基于地理实体的按需服务方式。

1. 地理实体概念

对于地理实体的概念，不同的专家学者和机构有不同的理解。Yuan（2001）等认为地理实体是独立存在并可唯一性标识的自然或人工地物对象。Raper 和 Livingstone（2001）等从意识形态角度出发，认为地理实体是在现实世界中再也不能划分为同类现象的对象。Ye 等（2006）认为，地理实体是现实生活中的地理特征和地理对象，其可根据各自的特征加以区分。Jiang 等（2018）认为，地理实体是现实世界中具有空间位置、共同属性的独立自然或人工地物。中国大百科全书地理学卷（2012）认为，江、河、湖、海，山、岗、岭、原、城、市、村、镇，台、站、场、所等，只要是有一定位置、一定范围的地理事物，都可谓地理实体。

开展地理实体概念内涵研究，对于开展地理实体模型框架建立、表达以及粒度描述具有重要的意义。因此，在归纳总结国内外对地理实体的理解定义，结合对现实世界认知表达的理解，可给出地理实体定义：地理实体是现实世界中占据一定空间位置、单独具有同一属性或完整功能的自然或人工地理单元与设施。

2. 地理实体表达

地理实体以一定的形态存在，通常认为地理实体可以由其几何形态、语义特征和属性信息加以表达描述（Zhou 等，2011）。其中，对地理实体的几何信息表达普遍采用点、线、面、体、像素、体素等形式，以坐标和坐标串表达。

从地理实体概念出发，根据对现实世界表达方式的不同，可以采用地物实体、空间单元、数学单元和地理场景等形式进行描述。其中，地物实体是现实世界中占据一定空间位置、单独具有同一属性或完整功能的自然或人工设施。空间单元是现实世界中占据一定空间位置、单独具有同一属性的自然或人工地理单元。数学单元是按照一定的数学规则对地表进行平面剖分的网格。地理场景是一定范围的地表二维影像、三维地形或三维实景表达。地物实体和空间单元是地理实体的两种类型，通过与数学单元建立联系构建唯一空间身份编码，实现快速粗定位和高效检索。地理场景是在数字空间中承载地理实体的虚拟地表。地物实体、空间单元、数学单元和地理场景相互间的关系如图 6-1 所示。

地物实体包括水系、交通、构筑物及场地设施、管廊、地名地址、院落范围、重要地物实体，以及由上述地物实体组合或聚合形成的地物实体集。水系指自然或人工形成的江、河、湖、海、渠、水库等水域及其附属设施。交通指提供运载工具和行人通行的道路及其附属设施。构筑物及场地设施指提供人类生活、生产及其他活动的工程建筑、公共场地及附属设施。管廊指传输天然气、水、电力、石油等物质的管线及附属设施。地名地址指地理实体的地名和空间位置的结构化描述。院落范围指由垣栅、围墙或建筑物等围成的范围，如机关、单位、居住区。重要地物实体指具有标志性特征的自然或人工地物，如长城、珠穆朗玛峰等。地物实体集是按照相同的泛化属性或空间上泛化关联的多个地理实体集合的统一描述，包括组合实体集和聚合实体集。

空间单元包括地类单元、行政区划单元、模糊空间单元。地类单元指不同用地属性的覆盖范围，如湿地、耕地等土地利用分类。行政区划单元指不同级别行政管辖范围，包括各级行政区范围等。模糊空间单元指没有明确边界的自然或人文区域范围，包括自然模糊空间单元（如黄土高原、太行山脉、塔克拉玛干沙漠等）、人文

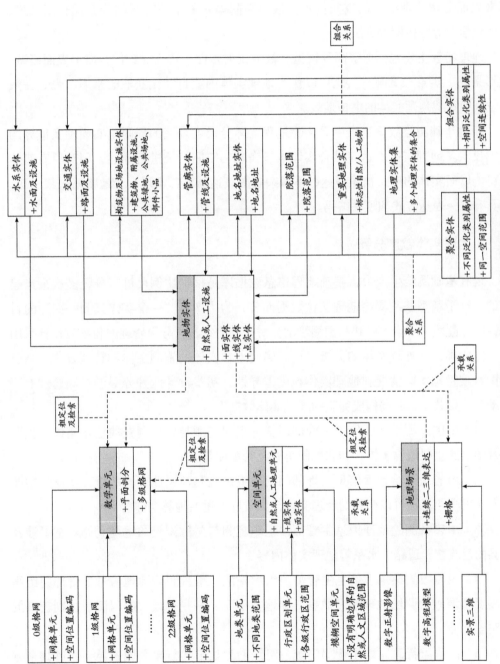

图6-1 地物实体、空间单元、数字单元和地理场景相互间的关系

模糊空间单元（如 CBD 中央商务区、五棵松、公主坟等）。

数学单元是按照一定的数学规则对地表进行平面剖分得到的多级网格。其主要用来表征全球地理实体的空间位置，数学空间单元采用的空间剖分方式有四叉树、正六边形、等距格网等方法。

地理场景主要包括数字高程模型、数字正射影像、真正射影像、数字表面模型、地形景观、实景三维等，其既可以作为地理实体内业自动化获取的来源，也是在数字空间中承载地理实体的虚拟地表。

新型基础测绘数据生产中要破除地理实体分尺度表达的局限，实现现实世界的真实反映。地理实体表达应结合实体本身表现的空间特征进行描述，即对所有实体尽可能以面实体的形式描述表达，不掺杂制图表达需求，实现一个地物只采集一次，并具有唯一表达方式和唯一编码。

3. 地理实体粒度分级

现有基础测绘生产中，基础地理信息数据库是根据比例尺进行分级多次采集建库的。对于新型基础测绘地理实体数据而言，为了实现"一个实体只测一次"的目标，同时遵照《中华人民共和国测绘法》对基础测绘实行分级管理的要求，设计采用合适方式确定各地理实体的分级，进而确定地理实体的施测主体和管理方式。结合我国行政管理实际情况和地理实体粒度差异性，初步设计六种分级形式。通过上下联动和信息共享，共同构成完整的地理实体数据库。

（1）由国家测绘地理信息主管部门统一组织施测与属性调查的地理实体。主要涉及国家的重要地物实体，如珠穆朗玛峰及其高度等。

（2）由省级测绘地理信息主管部门统一组织施测与属性调查的地理实体。主要涉及省级测绘机构可以获取的地理实体，如省内的重要地物实体等。

（3）由市县测绘地理信息主管部门组织施测与属性调查的地理实体。主要涉及市县的建筑物、道路、水系等地理实体内容。

（4）由省级测绘地理信息主管部门组织施测，市县测绘地理信息主管部门组织开展属性调查的测绘地理信息数据。如地类单元、一些省级大的河流、级别较高的道路等。

（5）由国家行政区划主管部门统一组织勘测法定的行政区域边界。通过共享方式引用的地理实体，主要为行政区划单元等。

（6）由计算机自动计算生成的地理实体。目前主要是道路的交叉口、河流的连通口，以及一些能够自动化提取的中心线等。

4. 地理实体数据库建库

地理实体数据库存储各地理实体的几何空间表达内容和属性内容。几何空间表达内容包括平面矢量、平面影像、三维精细模型、实景数据等几何空间数据。属性内容采用结构化属性数据＋非结构化大数据相结合的形式。同时，留有扩展空间，便于其他应用地理实体数据的专业部门进行属性追加。其中，结构化属性数据主要为可以利用二维表结构来逻辑表达和实现的属性数据内容，如空间身份编码、实体类别等。非结构化大数据主要为没有预定义的数据模型，难以用数据库二维逻辑表来表现的属性内容，如与地理实体相关的图像、音频、视频等信息。

5. 地理实体应用服务

地理实体的应用服务主要采用典型产品＋按需综合产品的服务模式。其中，典型产品主要包括公共典型产品和自然资源等专业典型产品。按需综合产品则根据用户提出的具体需求，自动化生产各类数据产品。

（1）公共典型产品主要包括影像地名图、地理实体图、地形景观图、实景三维图、自然资源底版图等。

（2）专业典型产品初步拟定为面向自然资源领域，针对典型应用领域需求，构建以地理实体为索引的国土空间规划专题数据、生态修复专题数据、用途管制专题数据、耕地保护专题数据、地质灾害专题数据、矿业权管理专题数据等数据内容，开发面向自然资源的专题产品。

（3）按需综合产品是基于用户需求，自动生成任意范围、任意尺度、任意类型的数据或可视化表达产品，实现"一库多能、按需组装"。

（三）新型基础测绘体系建设要求

鉴于当前新型基础测绘体系建设过程中存在的问题，特别是在基于地理实体数据开展基础地理信息数据建设方面的困惑，2019年自然资源部国土测绘司组织印发了《新型基础测绘体系数据库建设试点技术指南》（自然资办函〔2019〕1578号），明确提出了新型基础测绘在基础地理信息数据库建设方面的要求，包括产品模式、关键技术、生产组织模式等方面。

1. 产品模式

明确建成以地理实体为单位和索引，将DLG、DOM、DEM、DSM、地名地址等多样化数据集成于一体的"一库多能、按需组装"的地理实体数据库。同时，从地理实体的概念定义、分类与分级、粒度与编码、施测精度与方式、数据库设计与集成等方面给出了建设方向和思路。

2. 关键技术

列出了地理实体施测、地理实体变化发现、地理实体构成部件挂接与表达、信息集成建库、现有数据的转换、产品组装、数据集约融合、地理实体数据无级制图、基于众智感知的生产、质量评定技术等十项共性技术的解决思路。

3. 生产组织模式

提出开展专业测绘队伍组织模式重构、众包测绘组织方式创建两类生产组织方式，以期充分利用现有的先进技术手段，实现基础测绘地理实体数据的生产方式变革。

经过"十三五"的前期试点和积累，"十四五"时期我国将推动按尺度分级的基础地理信息数据库向按地理实体分级的无尺度基础时空数据库，专业队伍测绘向以专业队伍为主的众包测绘，固定产品提供向典型产品加按需组装与自动综合服务方式等全方位转变。力争用 2 ～ 3 年时间，取得一批探索试验成果，经总结凝练，为全国基础测绘升级转型提供可借鉴、可复制、可推广的经验和示范。

（四）新型基础测绘试点建设现状分析

为了更好地推动新型基础测绘工作开展，"十三五"期间，国家测绘地理信息局选取若干具备条件的地区和单位，有针对性地开展新型基础测绘建设试点试验工作，提炼形成有效的工艺流程和技术规范。自然资源部组建后，为了加快推进新型基础测绘工作的开展，2019 年 5 月在武汉组织举办了"新型基础测绘技术体系高级研修班"。研修班上提出，要把握新型基础测绘的建设思路和主要任务，积极开展多层次、全方位的试点建设，以基础测绘产品体系创新为牵引，带动技术体系、生产组织体系和政策标准体系的创新发展，加快构建新型基础测绘体系。

目前，上海（直辖市）、武汉（特大城市）、宁夏（自治区）、山东（省）、西安（省会城市）等国家新型基础测绘试点建设已取得了一系列成果。

1. 上海市新型基础测绘试点实践

2017 年 11 月，国家测绘地理信息局批复同意上海新型基础测绘试点项目——基于地理实体的全息要素采集与建库立项并纳入我国新型基础测绘体系建设试点。试点项目围绕智能化全息采集、地理实体构建、非尺度地理实体全息数据库构建、全息数据分发和产品服务等方面进行了创新探索。经过试点实施单位的努力，已完成上海张江科创城90平方千米的智能化全息测绘工作，形成了一套关键技术和标准体系，试点工作内容和取得的成果体现了《规划纲要》提出的新型基础测绘特征及主要内容。

（1）形成一套关键技术路线。智能化全息测绘试点以地理信息服务精细化、精确化、真实化、智能化为目标，利用倾斜摄影、激光扫描等传感技术获取全息地理实体要素。通过深度学习等AI技术自动、半自动化提取建立地理实体的矢量以及三维模型数据，结合调查充实各地理实体的社会经济属性，形成涵盖地上地下、室内室外的一体化的全息、高清、高精的结构化实体二三维一体的地理数据，为自然资源管理和智慧社会提供全空间的地理信息服务。

（2）建立一套标准体系。发布了全国第一部新型基础测绘团体标准《基于地理实体的全息要素采集与建库》。该标准规定了地理实体的分类与编码方法、实体概念模型、几何表达规则和数学基础以及各类地理实体的构建要求，明确了地理实体的属性以及存储、组织方式，统一智能化全息数据采集、处理以及成果制作的技术和要求，满足基于地理实体的全息数据库和全息测绘成果的建设需求，实现服务自然资源管理"两统一"和新型智慧城市建设的中心目标。

（3）形成了一批新型基础测绘产品。以"地上地下，能采尽采"的全息测绘采集原则开展地理实体数据生产，丰富街坊内部、地下空间和城市道路及其两侧范围的要素信息，关联了全空间采集对象的社会经济管理属性。兼顾自然资源权籍管理的特殊需求，建成信息丰富、精度适当的全要素地形数据成果。

开展全要素三维实景模型生产试验，建立了地上、地下、室内、室外等全空间模型。融合动态城市智能感知数据，高精、高清地重现了整个静态和动态数字城市。

以地理实体为纽带，地理实体模型为核心，将各类数据产品统一到一个全新的技术框架体系内，形成全空间、全要素、全时态、全媒体的地理实体全息数据库，为今后提供组装式的地理信息服务奠定了基础。

2. 武汉市新型基础测绘试点实践

2019年1月，自然资源部批复同意武汉市为新型基础测绘建设试点城市，对新型基础测绘产品体系和技术体系开展创新探索。

（1）开展新型基础测绘产品体系探索。以江汉区试点范围的1∶500比例尺地形图为基础，结合室内定位、地下管线、地理国情、实景三维模型、地下空间调查、湖泊测量等成果数据，构建了立体、透明的地理实体产品。在空间域上实现地上地下一体化、水域陆地一体化和室内室外一体化；在信息域上实现时间空间一体化、自然社会属性一体化和二三维一体化。

（2）开展新型基础测绘技术体系探索。在技术体系创新方面，将人工智能、深度学习、大数据和云计算等高新技术与传统 3S 技术相融合，有效解决了多源异构激光点云和倾斜摄影数据的有效融合、目标自动识别与提取等关键技术难题，实现测绘生产由人机交互识别向机器自动识别的跨越。根据地物要素（图元）全息化采集、智能化处理、实体化建库和动态化更新等生产流程的若干环节，研制基于地理实体的时空地理信息智能生产更新工具软件，构建智能、高效采集处理数据的生产技术体系。

3. 宁夏新型基础测绘试点实践

2019 年 7 月，自然资源部批复同意宁夏为全国新型基础测绘建设试点，依托 1∶2000 基础地理信息数据库建设项目开展新型基础测绘试点实践。根据新型基础测绘"一个地理实体只测一次"的目标，宁夏通过丰富基础地理信息数据要素内容、优化分类方式，实现与自然资源管理相关标准的衔接，完成宁夏全域的工业园区、水系两类地理实体和一个县域非城市区域的地理实体数据库试生产。同时，依托自治区、银川市、贺兰县级区域，研究新格局下省、市、县基础测绘的职责分工和工作内容，探索建立"统一规划、分级实施、协同更新"的新型基础测绘建设机制。

（1）地理实体数据生产试验。开展贺兰县非城市区域地理实体数据库试生产，主要利用 1∶2000 项目成果进行数据实体化生产。实体化生产流程包括数据收集、数据分析、数据预处理、数据抽取、图形属性编辑、质量检查、实体编码及数据入库。同时，对部分无法实体化的数据按照实体采集标准补充采集。开发符合宁夏 1∶2000 数据特点的定制化地理实体生产工具，实现对已有矢量数据的抽取转换编辑；也可从高分辨率正射影像直接采集生产地理实体，并对实体数据进行编码、质检。

地理实体生产过程中，充分利用各类专题数据为生产地理实体提供属性来源和图形参考。为建立"一库多能、按需组装"的地理实体数据库，针对生活、生产、生态"三生空间"设计不同地理实体采集精度，打破基础测绘传统比例尺局限。具体原则是生活空间参照传统 1∶500 精度，生产空间参照传统 1∶2000 精度，生态空间参照传统 1∶10000 精度。

（2）联动更新机制探索。宁夏试点依托自治区、银川市及贺兰县三级区域，研究区、市、县三级基础测绘职责分工和工作内容。宁夏回族自治区自然资源厅牵头编写新型基础测绘相关制度标准、确定工作流程和技术路线，明确区、市、县分工。按照生产空间、生态空间、生活空间（即城镇村三级空间）分县域进行划分，自治区级负责更新生产空间、生态空间的实体数据，市、县负责生活空间实体数据更新。

4. 广西新型基础测绘试点工作开展情况

原广西壮族自治区测绘地理信息局在《广西基础测绘"十三五"规划纲要》中提到了"构建新型基础测绘体系"，总体上是按照国家基础地理信息中心关于新型基础测绘的解读，对主要任务和重点工程进行规划实施，具体建设内容包括：一网、一库、一平台、系列产品、灵性化服务。

2017 年，广西开始启动实景三维技术研究与应用工作。2018 年，广西制作了全区实景三维地表模型和覆盖部分市、县建成区的精细实景三维模型，是全国较早建成实景三维地理信息系统的省区。总体来看，《广西基础测绘"十三五"规划纲要》并没有涉及地理实体生产和地理实体数据库建库的具体内容，基本上还是沿袭"十二五"期间加快信息化测绘技术体系建设思路来安排各项基础测绘工作。但是，广西启动了实景三维技术研究，为"十四五"期间启动地理实体化生产奠定了技术储备基础。

2019 年 9 月，自然资源部印发《新型基础测绘体系数据库建设试点技术指南》后，广西壮族自治区自然资源厅积极响应自然资源部关于开展新型基础测绘体系建设的号召，计划从 2020 年起利用两年时间开展广西新型基础测绘试点建设，以达到加快推进基础测绘转型升级、加快基础测绘成果更新周期、提升测绘地理信息公共服务能力的目标。

"十三五"期间，平南县没有开展实质性的新型基础测绘技术体系建设，也是沿袭早期信息化测绘技术体系建设思路来开展基础测绘工作的，同样存在基础测绘生产能力不足、产品服务单一、测绘新技术应用滞后等问题。

5. "十三五"期间新型基础测绘建设存在的问题

一个时期的基础测绘体系建设核心内容包括核心技术、生产模式、产品形式和质检方法四项。中华人民共和国成立后至今，我国基础测绘体系建设经历三个阶段：传统模拟测绘体系、数字化测绘体系和新型基础测绘体系（即信息化测绘体系的升级版，2003 年胡锦涛总书记提出要加快信息化测绘体系建设）。

2014 年，我国开始提出新型基础测绘概念，不少专家学者、主管部门和研究机构开展了新型基础测绘体系相关理念和技术方法的探索，截至 2019 年 5 月底，主要集中在如何利用更先进的技术手段提高原有基础测绘的生产效率。特别是在基础地理信息数据建库方面，其核心作业模式仍是分级测绘、分尺度建库，强调采集的精度、涵盖等内容。

（1）数据采集和生产模式没有实质性变化。从各省、自治区、直辖市"十三五"规划内容和实际情况来看，只有国家试点和少部分省、自治区、直辖市开展了基于地理实体编码的技术和数据采集探索。大多数省、自治区、直辖市的地理信息采集和数据库建设仍然按照现行比例尺划分标准执行，基础测绘成果也主要是4D产品，没有开展创新探索工作。

大家已经普遍认识到基于地理实体开展基础地理信息数据生产的必然性，但仍然存在一个较为漫长的过渡时期，这也是后续"十四五"期间基础地理信息数据建设规划需要并行考虑的问题。

（2）数据库建库理念没有转变。传统数据库主要根据最后出图的要求进行要素取舍、采集和建库，而新型基础测绘则将地理信息采集、建库与制图表达相互分离。目前，各省、自治区、直辖市的数据库建库主要还是制图数据模型，按不同比例尺地形图技术标准来建立数据库，不同数据库之间相互独立。个别省、自治区、直辖市在"十三五"规划中提出建设基于地理实体编码的基础地理信息资源库，但真正开展库体转换的极少。可以说，多数省、自治区、直辖市意识到目前数据库的局限性，并都有着建立地理实体数据库的强烈意愿，但是在具体建设理念和操作上并没有好的思路。

（3）新型基础测绘产品和定制服务实现途径不明确。新型基础测绘的产品体系和服务模式强调以需求为导向，产品体系涵盖现代基准、遥感影像、基础地理信息、公共地图、数据库和平台等，服务方式也由以窗口式服务为主变为窗口式服务、网络平台式服务、定制化服务、模块化服务等多种模式并存的新局面。各省、自治区、直辖市意识到产品和服务都需要创新和丰富，但目前什么样的产品属于创新产品在顶层设计上就没有明确指导。特别是当前融入自然资源系统后，如何开展支撑自然资源管理的新型产品和服务模式，各省、自治区、直辖市处于观望状态，缺少实践和验证。

综上所述，可以理解为"十三五"期间全国绝大多数省、自治区、直辖市是沿袭着早期信息化测绘技术体系建设思路来开展基础测绘工作，并不是真正意义上进入了新型基础测绘技术体系阶段。

三、平南县新型基础测绘体系建设总体思路

(一) 工作思路

基于对新型基础测绘体系建设背景、发展历程、现有研究成果、存在的主要问题以及当前自治区级开展新型基础测绘试点建设情况的调研分析，结合平南县基础测绘体系建设现状和地方财政支撑实际，按照《广西市县基础测绘"十四五"规划编制导则》的总体要求，分期开展平南县新型基础测绘体系建设工作。

"十四五"前期，完成现有基础测绘成果升级改造，包括现代测绘基准升级（详见《平南县现代测绘基准建设与维护研究》）、航空航天遥感影像数据集更新（详见《平南县航空航天遥感测绘体系建设研究》）。"十四五"后期，开展基础地理信息数据实体化加工改造、地理实体数据生产和地理实体数据建库关键技术研究与试点生产，最终实现与自治区级、贵港市级地理实体数据库数据共享及联动更新。

(二) 建设目标

结合平南县经济社会发展和基础测绘发展实际情况，加大对新型基础测绘体系建设的财政投入。在充分利用已有基础测绘成果及基础设施的基础上，按照自治区关于新型基础测绘体系建设总体构架和指导意见，分步开展新型基础测绘产品建设和新技术应用研究。采用最新的无人机倾斜摄影测量＋机载 LiDAR 技术，加快开展平南县新型基础测绘数据生产试点建立，建立适合本辖区的新型基础测绘数据生产技术体系。与贵港市级联动开展分级地理实体数据生产，构建区、市、县分级负责、联动更新的新型基础测绘技术体系。

(三) 规划原则

在平南县新型基础测绘体系建设过程中，要把握好传统与新型基础地理信息数据边界，应立足平南县实际来布局，重点围绕新型基础测绘生产方式、技术方法、数据成果和服务模式开展创新研究，探索"一个实体只测一次"的自治区、市、县分级负责、联动更新的地理实体数据采集、应用服务新模式。实施过程中应注意以下原则：

1. 基础性原则

新型基础测绘体系建设的施测内容、要素属性设计，应符合《中华人民共和国测绘法》《基础测绘条例》和《广西壮族自治区测绘管理条例》等相关法律法规来明确基础测绘工作范畴。

2. 公共性原则

新型基础测绘体系构建的数据内容、粒度及精度等技术指标，应体现各应用部门的共性需求，是自然资源、环保、水利、住建、农业等测绘应用的"最大公约数"。

3. 共享性原则

新型基础测绘体系构建以地理实体分级测绘模式代替按尺度分级测绘，遵照国家、省区、市县分级管理体制要求实施，同时确保各级数据之间能够共享融合，避免重复建设。

4. 按需性原则

新型基础测绘产品一方面要与自然资源、环保、水利、住建、农业等部门在分类与编码上进行对接；另一方面要以地理实体为单元描述表达现实世界，构建地理实体时空数据库，实现"一库多能、按需组装"。

5. 衔接性原则

新型基础测绘体系构建要考虑与平南县现有基础地理信息数据成果的有效衔接和继承，实现 DOM、DEM、DSM、DLG 等多尺度、多类型数据与地理实体数据之间的平稳转换与应用。

6. 创新性原则

在地理实体数据生产与集成、施测精度确定、集约共享融合、众源数据一体化处理、智能化提取等方面，鼓励利用人工智能、众智感知、边缘计算等新技术手段，开展理论方法研究与技术创新。

四、"十四五"期间平南县重点工程研究

（一）基础地理信息数据实体化建设试点工程

基于已有基础地理信息数据库开展实体化改造试点建设。开展现有基础地理信息数据向地理实体数据转换关键技术研究，实现过渡时期已有基础地理信息数据的实体化生产。构建基于现有基础地理信息数据的区—市—县要素数据融合建库技术路线，为后续的国家—区—市—县统一实体数据库建设奠定基础。

1. 现有基础地理信息数据实体化建设关键技术研究

基于国内地理实体建设技术标准，结合平南县现有基础地理信息数据内容，研究并提出基于图元的地理对象实体化规则、地理实体图形规则、关于语义的地理实体标识码编码规则和地理实体通用属性项等地理数据实体化规则。

（1）基于图元的地理对象实体化规则。通过图元与实体的唯一性标识来实现地理实体。地理实体数据表达由点、线、面图元组成，图元是地理实体数据中最小的构成元素。实体化是判断哪些图元为同一个实体的过程，是实现地理对象在时空维度的唯一性。

基于图元的地理对象实体化主要原则有两个：一是具有相同名称、空间连通的图元为一个实体；二是地理实体在空间上可能存在着共享同一个图元的情况，应将共享图元作为多个地理实体的组成部分。

（2）地理实体图形规则。基于不同的应用需求，地理实体可以用点、线和面三种图元表达。图元的图形应遵循以下规则：一是以点表达地理实体时，应标识在中心点位置；二是以线或面表达地理实体时，应保证线段的连续和面的封闭；三是在表达河流和道路实体时，应保证线或面图元构成连通网络；四是应保证地理实体之间的逻辑合理性，如房屋与道路之间无压盖；五是同一个地理实体的不同图元形式之间通过地理实体标识码进行关联，保证一致性。

（3）关于语义的地理实体标识码编码规则。地理实体具有时空唯一性，用地理实体标识码来表示其唯一身份码。在《地理信息公共服务平台地理实体与地名地址数据规范》（CH/Z 9010—2011）中每类实体都有独自的编码方式，特点是长度不一，结构各异，这种方式不利于计算机进行编码与管理。通过属性值的组合，确定地理实体编码规则，有利于将基于这种规则的编码自动化，提高地理实体数据编码的效率和稳定性。

通过对上述方式利弊的分析，研究提出一种简化的地理实体标识码，该标识码包括了所在政区标识码、信息分类码和顺序码。利用该标识码对地理实体进行编码，能够对地理实体在某个区域、所属类别和顺序进行唯一编码，编码方法如表6-1所示。

表6-1 地理实体标识码编码方法

序号	码段	说明
1	政区标识码	县级以上行政区划代码，按《中华人民共和国行政区划代码》（GB/T 2260—2007）执行
2	信息分类码	按《基础地理信息要素分类与代码》（GB/T 13923—2006）执行
3	顺序码	000001—999999 顺序编码

（4）地理实体通用属性项设计。通用属性项用来描述地理实体的名称、类别、位置等信息，同时体现地理实体的时空性，能满足及时更新数据的需求。通用属性项及相关含义说明见表6-2。

表6-2 通用属性项及相关含义

编号	属性项名称	含义	要求
1	实体标识码	地理实体唯一身份标识	程序生成，不可为空
2	图元标识码	构成图元的唯一编码	程序生成，不可为空
3	信息分类码	实体的所属类别	不可为空，按 GB/T 13923—2006 执行
4	实体名称	实体的专有名称、别称	可以为空
5	产生时间	地理实体的产生时间	建设初期可为空，通过资料收集
6	消亡时间	地理实体的消亡时间	可以为空
7	所有者	现有的权属人	不可为空
8	位置	门楼牌地址结构化描述	不可为空，参考 CH/Z 9010—2011

为验证关键技术研究的可靠性以及完善基础地理信息数据实体化的技术方法，需选取试点区域并开展区域基础地理信息数据实体化生产试验工作。

2. 试点区域实体化生产技术设计

（1）试验区选择。开展平南县新型基础测绘数据生产试点，选取具备多种地理实体、类型丰富的平南街道作为基础地理信息数据实体化生产试验区。

（2）数学基础。大地基准为 CGCS2000，高程基准为 1985 国家高程基准。

（3）引用依据。《地名分类与类别代码编制规则》（GB/T 18521），《中华人民共和国行政区划代码》(GB/T 2260),《县以下行政区划代码编制规则》(GB/T 10114),《公路路线标识规则和国道编号》(GB/T 917—2017),《中华人民共和国铁路线路名称代码》(TB/T 1945—1987),《基础地理信息要素分类与代码》(GB/T 13923—2006),《地理信息公共服务平台地理实体与地名地址数据规范》(CH/Z 9010—2011),《基于地理实体的全息要素采集与建库》(上海市测绘地理信息学会团体标准)。

（4）实体化生产技术设计。对试验区开展基础地理信息数据实体化技术研究，设计了试验区基础地理信息数据实体化生产流程（图6-2）。

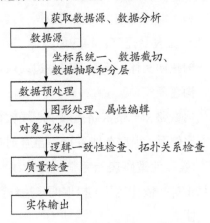

图6-2 基础地理信息数据实体化生产流程

①数据源获取。基础地理信息数据源主要来源于测绘地理信息主管部门，从已有的系列比例尺基础地理信息数据中提取出水系、交通、居民地及设施、境界与政区等数据。同时，对获取的地理信息数据现势性、坐标系、覆盖范围等进行分析，为下一步开展数据预处理制定方案。

②数据预处理。针对数据现状进行坐标系统转换、数据截切、数据抽取和分层等操作。基于基础地理信息数据库抽取水系、交通、居民地、境界与政区、地名等要素，按照以下方式进行抽取。

水系数据：提取常年河、时令河、干涸河、湖泊、水库和池塘的边线，以及作为其边线的其他线状要素。

交通数据：提取铁路中心线，城际公路、城市道路的边线和中心线，乡村道路依比例尺双线路边线和不依比例尺单线路单线。

居民地数据：提取街区、房屋边线。

境界与政区数据：提取行政区划界及其行政区域代表点。

地名数据：提取交通、水系、居民地和行政区域名称，以及位置和相关属性。

③对象实体化生产。按照实体化规则构建图元与实体的关系，名称相同、空间

连通的图元判断为一个实体。当某图元属于多个实体时，则对其进行地理实体标识码的扩充。按照地理实体图形规则编辑其点、线、面形状，线要求连通，面要求闭合。按照地理实体通用属性项的要求进行属性采集与完善。最后，通过软件工具进行地理实体标识码编码，保证其唯一性。水系、交通、居民地、境界与政区和地名等要素的实体化，按照以下方式进行。

水系：以单线形式表示的常年河、时令河和干涸河提取单线数据；当遇到有桥梁使河流表示中断时，应在断开处添加线段使河流表示完整，构建线实体。以双线形式表示的常年河、时令河和干涸河提取两条边线数据；当遇到桥梁使河流表示中断时，应在断开处添加线段使河流表示完整，构建面实体。具有完整边线表示的湖泊、水库和池塘提取边线数据，构建面实体；不具有完整边线表示的应提取可以作为其边线的其他要素的部分线段，构建面实体。

交通：一般铁路、电气化铁路和窄轨铁路提取中心线数据，构建线实体。以单线形式表示的乡村道路（不依比例尺）提取单线数据；当遇到有桥梁、涵洞等使道路表示中断时，应在断开处添加线段使道路表示完整，构建线实体。以双线形式表示的城际公路、城市道路、乡村道路（依比例尺）提取两条边线数据和中心线数据，不提取附属设施数据，构建面实体。

居民地：房屋提取建筑物主体的边线数据（不提取相关的附属设施数据）构建面实体。

境界与政区：提取行政区划边界数据；当遇到有以其他线状要素作为边界表示时，还应提取该线状要素的相应部分，保证本级行政区域境界的完整，构建面实体，以本级行政区域政府办公所在地空间位置作为标识点。

地名：将有明确地域界线的地名数据和其实体化后的地理实体建立起对应关系，包括各级区划地名、水系地名、交通地名、山脉、山峰，以及其他各类地名及相关信息。

④质量检查。利用已有的基础地理信息数据完成各类地理实体转换生产后，需要对各地理实体数据进行质量检查。利用开发的质检工具对图元进行断头线、自相交等拓扑关系检查，实体标识码唯一性检查，实体逻辑一致性检查。检查出不合格的实体数据，应重新实体化和属性赋值，直至检查无误为止。

（5）预期成果。基于已有基础地理信息数据库开展地理实体化生产，建成试验区地理实体数据库。

（二）新型基础测绘数据生产试点工程

新型基础测绘产品体系的构建需要创新型技术体系作为支撑。创新型技术体系就是融合人工智能、大数据、云计算、物联网等新技术给3S技术重新赋能，主要包括全息采集、智能处理、变化发现、实体建库和定制服务等五个方面的关键技术。

其中，全息采集作为生产新型基础测绘数据的基础，以地理实体为基本采集单位，全方位采集地理实体的位置、形状、外观、纹理以及与之相关联的各类自然属性和社会属性信息，实现二三维一体化、空间属性一体化以及空间时间一体化的信息采集。基于无人机倾斜摄影测量＋LiDAR的技术方案可以满足二三维一体化、空间属性一体化以及空间时间一体化的全息采集要求。因此，无人机倾斜摄影测量＋LiDAR技术的融合应用，在平南县新型基础测绘数据生产实践中具有重要的研究意义。

1. 新型基础测绘数据生产关键技术研究

平南县新型基础测绘数据生产试点工程实施中，设计采用基于无人机倾斜摄影测量＋机载LiDAR技术进行地理实体数据生产，主要包括地理场景产品生产、地理实体产品生产两个生产环节。地理场景产品主要反映物理世界的空间形态特征，地理实体产品主要反映物理世界的空间对象特征。在数据组织上，地理场景产品主要是离散数据，地理实体产品主要是矢量或者对象化（单体化）数据。在数据用途上，地理场景产品主要用于可视化表达，地理实体产品主要用于空间计算、分析和统计。

（1）地理场景产品生产。地理场景产品生产设计通过无人机倾斜摄影测量＋LiDAR技术获取对地观测数据，通过多源数据处理建模，得到精度高、模型要素全面、细节丰富、现势性强的实景三维模型和激光点云等新型测绘产品。

①LiDAR系统对地观测基本原理。LiDAR系统是一种利用飞行器作为载体，通过对地球表面进行扫描来获取地球表面高精度、高密度激光点云数据的一种新型对地观测技术。以激光测距技术、动态GNSS定位技术和惯导测量技术为基础，通过同步控制系统实现观测数据的同步处理与高精度定位。LiDAR系统对地观测定位原理如图6-3所示。

机载LiDAR施测后得到的数据包括GNSS数据、激光测距数据、姿态数据，这几种数据联合解算得到点云数据。点云数据包含三维坐标、回波强度及回波序列号等信息。机载LiDAR系统采用"盲扫"的工作方式，即系统发射激光脉冲时并不知道激光脚点所在地物的属性。因此，在所获取的点云数据中并未记录有地物属性信息。

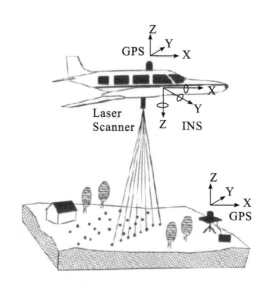

图6-3 LiDAR 对地观测定位原理

构建地形时需要从点云数据提取出地面点。点云滤波的实质是将点云分离成地面点和非地面点，从中提出 DEM 和 DSM。利用相关软件，通过设定最大地物尺寸、最大地形角度、地形迭代角度以及迭代距离等参数，将点云数据的地面点和非地面点分离。然后根据地面点构建 DEM。

②实景三维建模技术路线。随着无人机技术的快速发展，基于无人机倾斜摄影测量与机载 LiDAR 相结合进行数据获取并开展实景三维建模，能直观真实地表达研究区域地物地貌的现状。这种技术方式不仅能够快速获取大范围地物空间信息及多角度影像信息，真实地反映三维地形情况，而且能够建立定位精度高、要素全面、细节丰富、现势性强的实景三维模型。

实景三维建模技术路线如图6-4所示。在地形三维模型建模过程中，先把过滤之后的地面点内插成规则格网 DEM，再将 DOM 叠加到规则格网上生成地形三维模型。在建筑物三维建模过程中，把分类之后的建筑物点云和空间定位过的倾斜影像导入到相关专业软件中，勾勒建筑物轮廓。通过立面剖分、细节编辑、纹理贴图数据加工，最终得到建筑物精细模型。最后将地面模型、建筑物模型和其他细部三维模型整合，建成整个实景三维模型数据。

③实景三维模型数据生产技术要点。实景三维模型数据生产过程中应遵循以下技术要点：

一是地形三维模型作为底层数据，是支撑整个三维模型的基础，其精度直接关系到空间分析结果。利用倾斜摄影和机载 LiDAR 相结合的方法建立地形模型，首先是将原始点云数据进行滤波，得到城市的地面点。然后，对滤波后的点云进行数据

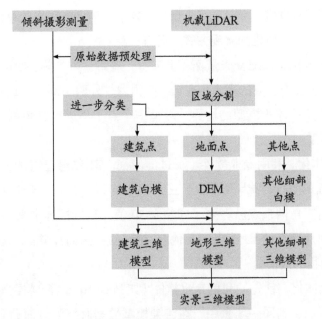

图 6-4 实景三维建模技术路线图

内插。考虑到地形精度以及方便对地形的编辑，根据距离权重的方法将地面点内插成 1 米 ×1 米的规则格网。最后，将对象化后的 DOM 和规则格网导入三维平台软件，将 DOM 叠加到规则格网上生成地形三维模型。

二是从分类后的点云中提取出各类型的地物点云，需要结合经过空间定位过的倾斜影像来勾勒出地物的轮廓。高层建筑存在投影差，通过机载 LiDAR 获取建筑物的顶部、侧面及地面坐标，对建筑物的点云数据做立面剖分，根据顶部及附近地面点确定建筑物的高程及高度。

三是在其他细部三维模型建模工作中，需要将模型导入相关软件（如 3d Max 等）中进行精细编辑。例如制作建筑物的女儿墙，先将模型转换为可编辑多边形，然后根据点云剖立面测量女儿墙的高度和宽度，最终在软件中挤压成形。若建筑物模型含底层的商铺，则须通过人工拍摄的方式在软件中完成纹理贴图。

四是地形三维模型、建筑物三维模型以及其他细部三维模型制作完成后，在专业三维平台软件上分别加载并进行精编辑，实现各三维模型的无缝衔接，建成试点区域实景三维模型。

（2）地理实体产品生产。基于地理场景产品进行地理实体产品生产，先对地理场景产品进行单体化（矢量化），然后遵循"现有基础地理信息数据实体化建设关键技术研究"的具体技术要求进行地理信息数据实体化，最后建立基础地理信息实体库。

①地理场景产品单体化生产。利用专业的矢量化软件（如 EPS 等）将地理场景产

品的实景三维模型数据进行单体化（矢量化）数据采集。将采集的单体化数据进行实体化。地理场景产品单体化的实现方式主要有三种：

一是切割单体化。以配套矢量面（建筑物、道路、树木等）的边界线为切割线，将点集（即建模过程中生成的高密度点云）分为内、外两个部分。运算生成每一个点子集的边界，得到单体化模型的边界。对每一个点子集进行三角剖分和优化，得出所需的单体化模型。

二是 ID 单体化。利用专业软件（如 PhotoMesh 等）结合已有的二维矢量面数据，将对应的矢量面的 ID 值作为属性赋予三角网中的每个顶点。经过前面的 ID 赋值，同一地物对应的三角网顶点就存储了同一个 ID 值。当鼠标选中某一个三角面片时，根据这个三角面片顶点的 ID 值得到其他 ID 相同的三角面片并高亮显示，就实现了单独选中某一地物的效果。

三是动态单体化。首先，利用专业软件（如 PhotoMesh 等）将配套的二维矢量面与倾斜摄影模型加载到同一场景中，在渲染模型数据时把矢量面贴到倾斜模型对象表面。然后，设置矢量面的颜色和透明度，从而实现可以单独选中地物的效果。

②实体化生产。对地理场景产品三维模型数据进行单体化后，将单体化模型进行实体化数据处理，最终完成地理实体数据生产。

2. 试点区域生产技术设计

（1）试验区选择。平南县新型基础测绘数据生产试验区选取具备多种地理实体、类型相对丰富的平南县工业园区，采用无人机倾斜摄影测量 + 机载 LiDAR 技术进行新型基础测绘数据生产。

（2）数学基础及技术指标。

①数学基础。大地基准为 CGCS2000，高程基准为 1985 国家高程基准。

②点云密度要求。机载激光雷达获取的平均点云数据密度大于 2 点 / 米^2。点云密度的计算以航带为单位，按全部回波点计算：平均点云密度 = 该航线全部回波点云数量 / 该航带面积。

③基本精度指标。按照《三维地理信息模型数据产品规范》要求，采用无人机倾斜摄影测量 + 机载 LiDAR 技术获取地面影像分辨率应优于 0.05 米；空三加密基本定向点平面位置残差不大于 0.3 米，高程残差不大于 0.26 米；检查点平面位置误差不大于 0.5 米；高程误差不大于 0.4 米（阴影、摄影死角、隐蔽等特殊困难地块误差可适当放宽 0.5 倍）；三维模型的平面精度、高度精度均达到 Ⅲ 级，平面中误差不大于 0.8 米，高度中误差不大于 1 米。地形（DEM）格网点平地高程中误差不大于 0.37 米（阴

影、摄影死角、隐蔽等特殊困难地块误差可适当放宽 0.5 倍）。三维模型景观效果达到二级模型景观的要求。

（3）引用依据。《数字航空摄影测量　控制测量规范》（CH/T 3006—2011），《低空数字航空摄影测量外业规范》（CH/Z 3004—2010），《低空数字航空摄影测量内业规范》（CH/Z 3003—2010），《卫星定位城市测量技术规范》（CJJ/T 73—2010），《全球定位系统实时动态测量（RTK）技术规范》（CH/T 2009—2010），《测绘技术设计规定》（CH/T 1004—2005），《城市三维建模技术规范》（CJJ/T 157—2010），《三维地理信息模型数据产品规范》（CH/T 9015—2012），《三维地理信息模型生产规范》（CH/T 9016—2012），《地名分类与类别代码编制规则》（GB/T 18521），《中华人民共和国行政区划代码》（GB/T 2260），《县以下行政区划代码编制规则》（GB/T 10114），《公路路线标识规则和国道编号》（GB/T 917—2017），《中华人民共和国铁路线路名称代码》（GB/T 1945—1987），《基础地理信息要素分类与代码》（GB/T 13923—2006），《地理信息公共服务平台地理实体与地名地址数据规范》（CH/Z 9010—2011）。

（4）技术路线。基于试验区已有资料实际情况、采用的技术方法以及成果要求，设计地理实体试点工程数据生产技术路线如图 6-5 所示。

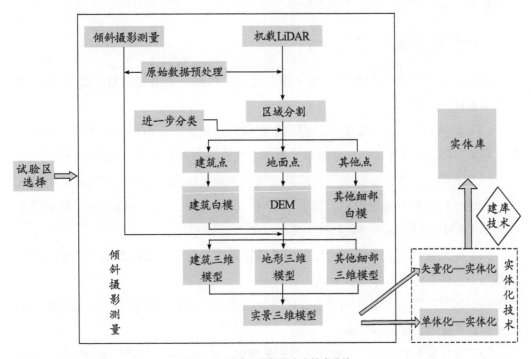

图 6-5　试点工程数据生产技术路线

采用无人机倾斜摄影测量＋机载 LiDAR 技术对试验区进行外业数据获取。利用专业数据处理软件对获取的倾斜摄影数据和 LiDAR 数据开展预处理、三维建模，获得实景三维模型、激光点云等新型测绘产品以及 DEM、DOM、DSM 等传统测绘产品。基于实景三维模型数据开展单体化数据采集，按照地理数据实体化规则对单体化数据进行地理实体化生产。最后，对所获得的地理实体产品进行实体库建库管理。

（5）预期成果。基于无人机倾斜摄影测量＋机载 LiDAR 技术开展地理实体数据生产，最终获取的预期产品包括航空摄影影像数据、像控资料成果、三维倾斜摄影模型数据、地理场景数据库（包括 DEM、DOM、DSM、实景三维模型）、地理实体数据库。

（三）新型基础测绘产品服务研究

结合自然资源"两统一"业务管理需求和平南县经济社会发展各行业对地理空间信息产品服务的需求，开展新型基础测绘专业典型产品和公共典型产品体系设计研究。新型基础测绘体系下的地理实体产品应用服务主要采用典型产品＋按需综合产品的服务模式。根据用户提出的具体需求，服务系统基于已有的公共典型产品和自然资源专业典型产品，自动化生产各类数据产品。

1. 公共典型产品

公共典型产品主要包括影像地名图、地理实体图、地形景观图、实景三维图、自然资源底版图等。

（1）影像地名图。主要利用地理场景数据库中的数字正射影像或真正射影像数据，叠加空间单元库中的行政区划单元数据以及地物实体库中的地名数据生成。

（2）地理实体图。主要利用空间单元库中的地类单元，叠加地物实体库中的水系、交通、构筑物及场地设施、管廊、地名、院落范围、重要地物实体等数据以及空间单元库中的行政区划单元数据生成。

（3）地形景观图。主要利用地理场景数据库中的数字高程模型数据，叠加地理实体图中的各类地理实体内容生成。

（4）实景三维图。主要利用地理场景数据库中的实景三维数据，叠加地理实体图中的各类地理实体内容生成。

（5）自然资源底版图。主要基于地形景观图，叠加"三区三线"数据生成（三区即城镇空间、农业空间、生态空间，三线即城镇开发边界、永久基本农田保护红线、生态保护红线）。

2. 专业典型产品

专业典型产品涉及各行业，需要结合行业管理特点和需求进行专业产品设计。作为专业典型产品设计探索试点，初步设计针对自然资源领域典型应用领域需求，构建以地理实体为索引的国土空间规划专题数据、生态修复专题数据、用途管制专题数据、耕地保护专题数据、地质灾害专题数据、矿业权管理专题数据等数据内容，开发面向自然资源业务管理的专业典型产品。

（1）国土空间规划专题产品。根据2019年自然资源部《市县国土空间规划分区与用途分类指南》，国土空间规划用途分类依据国土空间规划战略意图、按照资源利用的主导方式划分为农林用地、建设用地、自然保护与保留用地、海洋利用、海洋保护与保留五种类型，对应28种一级分类。国土空间规划专题产品设计根据该指南，同时丰富扩展为种植园用地、牧草地、其他农用地、居住用地、公共管理与公共服务设施用地、商服用地、工业用地、物流仓储用地、道路与交通设施用地、公用设施用地、绿地与广场用地、留白用地、区域基础设施用地、特殊用地、采矿盐田用地、湿地、其他自然保留地、陆地水域、渔业用海、工业与矿产能源用海、交通运输用海、旅游娱乐用海、特殊用海、可利用无居民海岛、保护海域海岛、保留海域海岛等专题产品。

（2）生态修复专题产品。当前国土空间生态修复研究刚刚开始，对其分类尚未形成共识，国家层面也缺乏统一的分类界定。按照国土空间生态修复对象和所采取工程措施的差异，针对专题领域需求，进一步丰富扩展国土空间生态修复产品为矿山地质环境生态修复（包括矿山地质生态系统、景观地貌重塑、塌陷地水环境修复等）、水环境和湿地生态修复（包括流域生态修复、湿地生态修复等）、退化污染废弃地生态修复（土地盐碱化生态修复、土地污染生态修复、废弃土地生态修复等）、海洋海岛海岸带生态修复、生物多样性和景观生态修复、山水林田湖草生态修复（其修复对象具有区域性、丰富性、整体性和系统性，利用湿地、草地、林地等数据，开展连片、破碎化严重、功能退化分析研究，实现生态系统综合修复）、城乡居住地生态修复（主要开展居住用地、公用设施用地的生态环境分析及修复）等专题产品。

（3）用途管制专题产品。依据《自然生态空间用途管制办法（试行）》，用途管制主要是对生态空间进行管制，需要丰富的专题内容，主要是空间规划中的"三区三线"。根据空间规划确定的开发强度，进一步丰富扩展城乡建设、工农业生产、矿产开发、旅游康体以及城镇空间、农业空间、生态空间之间的转换管制等专题产品。

（4）耕地保护专题产品。根据《中华人民共和国土地管理法》提出的耕地保护目标，在满足人口及国民经济发展对耕地产品数量和质量不断增长的条件下，耕地数量和质量供给与需求的动态平衡。耕地保护包括数量保护和质量保护两个方面。因此，依据《中共中央国务院关于加强耕地保护和改进占补平衡的意见》及"两个绝不能"原则（已经确定的耕地红线绝不能突破；已经划定的城市周边永久基本农田绝不能随便占用），进一步丰富扩展永久基本农田、农田质量（沙化、盐碱化、贫瘠化）、农田面积等专题数据产品，为耕地保护提供科学支撑。

（5）矿业权管理专题产品。依据矿产用地属性，首先，丰富扩展矿业用地专题产品，例如矿业用地空间范围与类型包括金属矿产（能源矿产、金属矿产、有色金属矿产、贵金属矿产、稀有金属矿产、稀土金属矿产、分散元素矿产）、非金属矿产（工业矿物、工业岩石、宝玉石矿产、水气矿产）等专题产品。其次，丰富扩充矿业权人以及权属信息等专题产品，以此为矿业权管理提供数据支撑。

（6）地质灾害专题产品。根据地理实体及其属性，通过基础数据挖掘及分析，丰富扩展崩塌灾害、滑坡灾害、泥石流灾害、地面裂缝灾害、矿山与地下工程灾害、河岸坍塌、河堤溃决、水质恶化、海岸带灾害、海岸淤进、土地沙漠、土地盐渍化、土地沼泽化等系列地质灾害专题产品。

（7）自然资源统一确权登记专题产品。依据2019年印发的《自然资源统一确权登记暂行办法》，清晰界定全部国土空间各类自然资源资产的所有权主体。基于地理实体构建确权登记产品，可丰富扩充包括水流、森林、山岭、草原、荒地、滩涂、探明储量的矿产资源自然资源的所有权和所有自然生态空间登记专题产品。

3. 按需综合产品

在新型基础测绘专业典型产品和公共典型产品数据库支撑下，基于用户的实际需求自动生成任意范围、任意尺度、任意类型的地理空间综合数据或可视化表达产品，实现"一库多能、按需组装"。首先，针对用户提出的成图需求进行解析，自动计算成图目标比例尺，在地理实体数据库中抽取所需地理实体、地理场景数据。其次，对抽取的地理实体数据按照数据类别，采用对应的自动综合算法生成目标比例尺数据。最后，自动组装综合后的地理实体数据以及地理场景数据，经图幅整饰并输出特定需求的地理信息数据产品。

五、2035 年远景目标

随着国家、自治区新型基础测绘体系建设的深入推进，平南县在完成现有基础地理信息数据向地理实体数据转换试点工作、基于无人机倾斜摄影测量＋机载 LiDAR 技术的新型基础测绘建设试点工作的基础上，构建与贵港市新型基础测绘体系一致的、适合平南县经济社会发展需要的新型基础测绘体系。

　　按照广西开展自治区—市—县联动地理实体采集、数据生产、建库与共享服务工作部署，建立地理实体区、市、县三级联动生产更新机制。结合现有国家商用密码技术研究情况，规划并开展地理实体在线式的采集、传输、更新和质检试验，探索众包测绘组织方式。建成以地理实体为单位和索引，将 DLG、DOM、DEM、DSM 和地名地址等多源数据集成于一体的"一库多能、按需组装"的地理实体基础时空数据库。全面实现新型基础测绘数据生产、管理与按需应用服务。

第七章

平南县基础测绘『十四五』

规划编制工作方案

基础测绘是国民经济和社会发展的一项基础性、前期性、公益性的事业。基础测绘所提供的地理空间信息是城市现代化、信息化建设的基础平台，是承载各行业专题信息的基础，广泛服务于行政管理、经济建设、国防建设、科学研究、文化教育、人民生活等领域。基础测绘规划是《中华人民共和国测绘法》确定的法定规划，是国家发展规划体系中的重要专项规划。

"十四五"是基础测绘全面融入自然资源整体布局、更好履行"为经济建设、国防建设、社会发展和生态保护服务"职责的关键时期，科学编制基础测绘"十四五"规划，对于明确新体制环境下基础测绘新功能新定位、谋划基础测绘新任务新举措具有重要意义。为了顺利完成平南县基础测绘"十四五"规划编制任务，根据《平南县"十四五"规划编制工作方案》（平办通〔2020〕67号文件附件）精神和贵港市自然资源局关于做好县（市）级基础测绘"十四五"规划编制工作的要求，结合平南县基础测绘工作实际和发展的需要，制定本工作方案。

一、总体要求

（一）指导思想

坚持以习近平新时代中国特色社会主义思想为指导，全面贯彻党的十九大和十九届历次全会精神，按照建设壮美广西、共圆复兴梦想的总目标总要求，认真贯彻落实自治区、贵港市对县（市）级基础测绘"十四五"规划编制工作的部署。坚持服务大局、服务社会、服务民生，紧紧围绕"六个打造"、实现"六个高质量发展"目标任务，认真落实平南县委、县政府的各项决策部署。紧密围绕新时代对基础测绘的新需求、机构改革后自然资源管理对基础测绘的新定位、生态文明建设和经济高质量发展对基础测绘的新要求，依据《全国基础测绘"十四五"规划编制指南》《广西壮族自治区基础测绘"十四五"规划编制工作方案》《贵港市基础测绘"十四五"规划编制工作方案》，创新思维方法，科学编制平南县基础测绘"十四五"规划。

（二）基本原则

科学编制平南县基础测绘"十四五"规划，必须坚持需求驱动和目标导向。重点围绕平南县委、县政府各项重大决策部署，准确把握机构改革后自然资源管理对基础测绘的新定位、新要求。对标平南县"十四五"国民经济与社会发展目标和自然资源发展任务，在全面总结评估"十三五"基础测绘规划实施成效与经验、问题与不足的基础上，以战略眼光谋划平南县基础测绘"十四五"时期发展目标、工作思路、重点任务。

科学编制平南县基础测绘"十四五"规划，必须坚持既要创新理念又要务实可行。北斗卫星导航定位技术、航空航天遥感技术、地理信息系统、云计算、大数据等信息技术的快速发展与融合应用，显著地提高了地理空间数据的收集、处理、分析与应用效率，促进了新型基础测绘的转型升级。技术创新是提升平南县基础测绘核心供给能力、服务质量和服务效能的根本保证。规划编制工作在务实可行的基础上，技术要适度超前，体现科技创新对基础测绘作业模式革新与效率提升的作用。重点在规划文本编制方法、主要目标、重点任务等方面做好创新，提高规划的针对性和可操作性。

科学编制平南县基础测绘"十四五"规划，必须加强与各级规划衔接及与业务融合。切实做好与贵港市基础测绘"十四五"规划、平南县"十四五"规划纲要的衔接。做好与自然资源调查、国土空间规划、不动产登记等自然资源业务的统筹衔接，推动基础测绘与自然资源业务之间形成相互支撑、相互衔接、良性互动的关系。

二、主要任务

（一）前期准备和规划编制基本思路研究

按照平南县"十四五"规划编制工作部署，成立平南县基础测绘"十四五"规划编制工作领导小组和工作机构，落实规划编制专项工作经费，确定规划编制项目承担单位。开展"十三五"期间基础测绘工作实施成效情况分析，找出问题和差距。组织主要委办局和行业单位开展"十四五"期间基础测绘成果保障服务需求座谈调研和信函调研。

收集自治区、贵港市、平南县有关基础测绘"十四五"规划编制的指导性文件，研究提出"十四五"时期平南县基础测绘发展目标、指导原则、专项任务、重大课题。结合平南县自然资源业务管理工作需要，细化规划实施的年度目标和工作任务，形成平南县基础测绘"十四五"规划工作的基本思路。

（二）开展重大课题研究

如何履行好新形势下基础测绘为经济建设、国防建设、社会发展和生态保护服务的法定职责，提高基础测绘"十四五"规划编制的科学性至关重要，需要开展事关全局性、前瞻性和关键性的专项任务和重大课题研究。在全面总结平南县"十三五"时期基础测绘发展经验、准确把握"十四五"时期形势任务的基础上，凝练提出体系完整、重点突出的基础测绘重大课题。通过重大课题研究，借鉴国内外先进经验和做法，推动平南县基础测绘高质量发展。

（三）编制基础测绘"十四五"规划

根据《全国基础测绘"十四五"规划编制指南》（自然资办〔2019〕1914号文件附件）、《广西壮族自治区基础测绘"十四五"规划编制工作方案》（桂自然资发〔2020〕36号文件附件）要求，在完成规划基本思路和重大课题研究的基础上，开展《平南县基础测绘"十四五"规划》文本和说明编制，明确"十四五"期间基础测绘工作的总体目标、主要任务、重点工程、年度实施计划、保障措施，更好地指导未来五年平南县基础测绘工作的组织实施。

三、工作要求

（一）加强组织领导

成立平南县基础测绘"十四五"规划编制领导小组，负责规划编制工作的组织和领导。下设领导小组办公室，办公室设在平南县自然资源局测绘地理信息管理科，负责领导小组的日常工作，明确任务，落实到人。

（二）强化沟通协调

充分发挥各参与单位的积极性、主动性，加强上下互动、沟通交流。领导小组办公室要加强与自治区自然资源厅国土测绘处的沟通、请示以及对规划编制工作的调研和指导。规划编制单位要主动加强与自治区基础测绘"十四五"规划编制工作组的对接，主动加强与各业务科室的沟通协调，在规划编制过程中切实体现基础测绘"统一工作底板"的职责。

（三）坚持开门搞规划

广泛征求地方、部门、行业和专家的意见，构建跨部门多领域合作机制和公众参与机制。加强规划协调、咨询和论证，切实提高规划的科学性、可行性和可操作性。

（四）加强工作保障

基础测绘编制是一项系统工程，涉及面广、任务重、难度大，各参与单位要高度重视、精心准备，积极选配知识结构好、业务能力强、富有新时代责任感和使命感的骨干力量参与规划编制，并充分用好自治区专家团队的智力资源。要根据工作实际需要，将编制研究经费列入部门预算，做好规划编制相关工作资金保障，确保规划和重大课题研究的顺利开展。

（五）加强督促检查

平南县自然资源局测绘地理信息管理科是基础测绘"十四五"规划编制的责任科室，要做好督促检查工作。要加强对规划编制工作进展情况的跟踪，掌握规划编制工作的整体动态，督促承担单位按规定的工作进度要求完成规划编制任务。

四、组织保障

为确保平南县基础测绘"十四五"规划编制工作顺利完成，及时协调解决规划编制过程中遇到的问题，组建由分管领导为组长、局相关股室负责人为成员的平南县基础测绘"十四五"规划编制领导小组，负责对规划编制涉及的重大问题等进行决策研究。下设领导小组办公室，负责规划编制项目管理与具体组织实施。具体成员如下：

（一）领导小组成员名单

组长为陈剑，平南县自然资源局党组书记、局长。

副组长为邓日勇，平南县自然资源局党组成员、副局长。

成员有刘晓，平南县自然资源局测绘地理信息股主要负责人；曾宪佐，平南县自然资源局国土空间规划股主要负责人；阮达飞，平南县自然资源局自然资源权益和开发利用股主要负责人；邬振兴，平南县自然资源局耕地保护监督股主要负责人；黎志坚，平南县自然资源局自然资源确权登记股主要负责人；胡石海，平南县国土资源测绘院院长。

（二）领导小组办公室成员名单

主任为刘晓。成员有杨乃轩，平南县自然资源局测绘地理信息股科员；林飞宏，平南县自然资源局测绘地理信息股办事员。

五、进度安排

按照平南县"十四五"规划编制工作的统筹安排，制定平南县基础测绘"十四五"规划编制时间进度安排。

2020年5—6月：5月底前完成规划编制专项经费预算并上报县财政，成立规划编制工作领导小组和工作机构。6月底前完成规划专项经费落实到位，确定规划编制承担单位，开展"十三五"基础测绘任务执行情况分析；召开"十四五"基础测绘成果服务需求调研，形成平南县基础测绘"十四五"规划工作的基本思路。

2020年7—9月：8月底前完成重大课题研究报告初稿。9月底前深化重大课题研究，完成重大课题研究报告征求意见和专家论证。

2020年10—12月：11月底前完成《平南县基础测绘"十四五"规划》文本初稿编写。12月底前完成广泛征求意见并修改完善。

2021年1—6月：1—2月做好与《贵港市基础测绘"十四五"规划》和《平南县"十四五"规划纲要》的衔接，进一步修改完善规划文本和重大课题研究报告。3—4月组织专家进行规划成果评审，按专家意见修改完善后形成终稿并提交平南县自然资源局党组审定。6月底前按程序完成规划报批工作。

规划获批发布实施后，同步建立贯彻落实平南县基础测绘"十四五"规划实施的机制措施，做好规划实施的宣传解读工作。

六、预期成果

按照自治区下发的《广西市县基础测绘"十四五"规划编制导则》要求，平南县基础测绘"十四五"规划编制项目应提交《平南县基础测绘"十四五"规划》、《平南县基础测绘"十四五"规划》编制说明、《平南县基础测绘"十四五"规划重大课题研究报告》等成果。

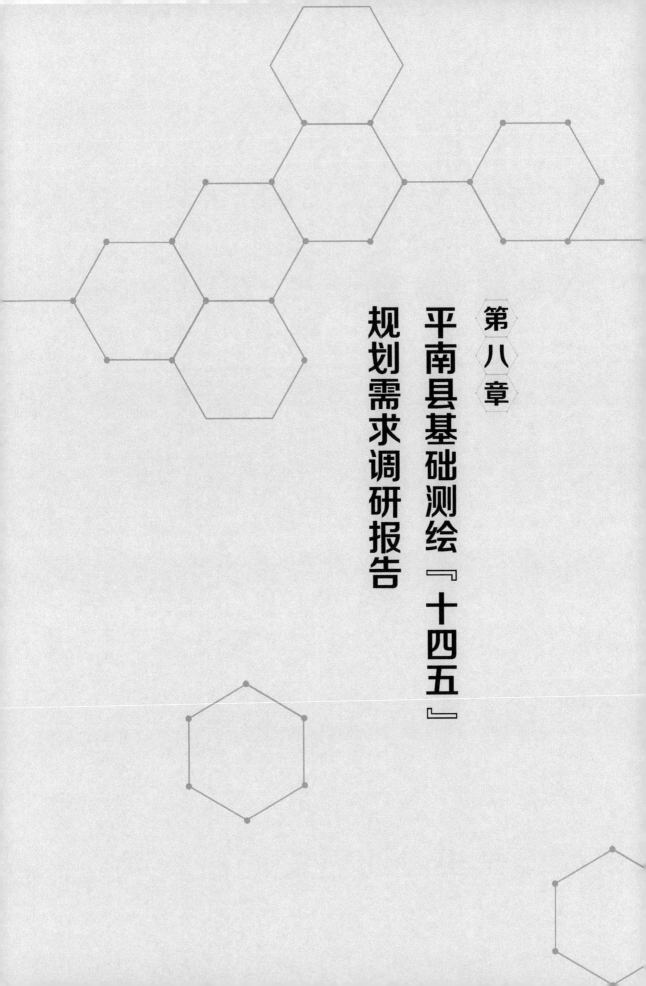

第八章

平南县基础测绘『十四五』规划需求调研报告

一、编制背景

"十四五"是基础测绘全面融入自然资源整体布局，更好履行"为经济建设、国防建设、社会发展和生态保护服务"职责的关键时期，科学编制基础测绘"十四五"规划，对于明确新体制环境下基础测绘新功能新定位、谋划基础测绘新任务新举措具有重要意义。为了顺利完成平南县基础测绘"十四五"规划编制任务，根据《中华人民共和国测绘法》《广西壮族自治区测绘管理条例》《广西壮族自治区基础测绘"十四五"规划》《广西市县基础测绘"十四五"规划编制导则》和《平南县"十四五"规划编制工作方案》精神以及贵港市自然资源局关于做好县（市）级基础测绘"十四五"规划编制工作的要求，由平南县自然资源局负责开展《平南县基础测绘"十四五"规划》编制工作。

规划编制小组在全面总结平南县基础测绘发展现状、分析平南县"十四五"期间经济社会发展对基础测绘服务需求的基础上，面向平南县"十四五"期间基础测绘和测绘地理信息事业发展需求，提出平南县"十四五"期间基础测绘发展目标、主要任务，明确了现代测绘基准体系、基础地理信息数据动态更新与建库、多元化基础测绘成果建设与推广应用、基础测绘行政管理与保障服务能力建设、新型基础测绘技术体系建设等重点发展方向，研究制定了重点工程建设内容，是指导未来五年平南县基础测绘工作开展的方向性、纲领性文件，对全面提升平南县基础测绘保障能力和服务水平具有十分重要的意义。

二、成效分析

"十三五"期间平南县基础测绘工作顺利开展，基础测绘管理体制机制不断完善，测绘基准体系建设逐步完善，基础地理信息数据生产与更新能力进一步加强，基础地理信息成果应用不断拓展，基础测绘服务保障能力得到了提升。在促进平南县经济转型升级、智慧城市建设、公共服务能力提升等各方面发挥了重要作用。

（一）基础测绘管理体制机制建设

2016 年底平南县测绘地理信息局挂牌，明确了测绘地理信息管理与服务职能，强化统一监管力度。2019 年初，完成平南县自然资源局挂牌，成立测绘地理信息管理股，负责平南行政区域测绘地理信息工作统一监督管理。

"十三五"期间，平南县国土资源局全力做好涉密基础测绘成果资料领用审批工作，规范行政审批程序，定期开展年度测绘资质巡查、保密检查及地图市场检查，辖区未发生失密、泄密事件。积极组织开展测绘法律法规宣传活动，提高大众对测绘法以及国家版图意义作用的认识、对测绘地理信息事业的关注和支持，进一步促进测绘成果与民共享。邀请自治区专家举办涉密测绘地理信息成果保密培训班，未发生失密、泄密事件。

（二）测绘基准体系建设

"十二五""十三五"期间，广西 CORS 基础设施建设项目在平南镇、六陈镇、国安瑶族乡建立了 3 个基准站。贵港市勘察测绘研究院在平南镇建设了 1 个基准站。4 个基准站之间没有进行联网，尚未构成 CORS 系统提供测绘基准服务。按照贵港市自然资源局工作安排，组织开展卫星导航定位基准站建设备案工作和卫星导航定位基准站安全专项整治行动，确保辖区内基准站和接收数据安全。

目前正分批组织开展辖区国土系统 CGCS2000 成果转换工作，建立了由 21 个点组成的平南县 D 级 GNSS 控制网，用于坐标转换参数计算。另外，自治区测绘局"十五"期间在平南县辖区范围施测了 B、C 级 GNSS 控制网。"十二五"初期，平南县国土资源局在城镇 1：500 比例尺地形地籍测量工作中，布设了平南镇 E 级 GPS 控制网。在广西自然资源档案博物馆查阅并收集到辖区范围现有高等级高程控制成果，包括二、三、四等水准路线共 7 条。协助贵港市自然资源局组织开展测量标志普查工作，对需要维护的国家等级永久性测量标志进行加固和维护，为平南县社会经济建设提供测绘基准成果保障服务。

（三）基础地理信息数据生产与更新

"十二五"初期，平南县国土资源局在全国第二次土地调查工作中组织开展了 1：500 比例尺地形地籍测量。"十三五"期间，行业资质持证单位采用 3S 技术对工业园区等重点工程按需测绘了 1：500、1：1000 比例尺 DLG。"十三五"期间，全面完成"数字平南"地理空间框架建设，完成与国家、自治区两级数据融合和公共服务平台互联互通，完成"天地图·平南"县级节点数据生产并接入自治区级节点。采用无人机倾斜摄影测量技术获取县城建成区 20 平方千米精细三维模型数据，构建了 2988 平方千米的三维场景数据。组织开展了平南县第三次国土调查，利用自治区下发的 1 米分辨率卫星影像数据和 0.2 米航空影像数据（1:2000 比例尺 DOM）建成了遥感影像数据库。

（四）基础测绘服务保障能力建设

"十三五"期间，平南县基础测绘服务保障能力得到进一步加强，测绘地理信息中介服务机构在实践中也得到了发展壮大。本地化测绘资质持证单位共有 4 家，其中丙级 2 家、丁级 2 家。平南县自然资源局通过多种渠道获得各种类型基础地理信息成果数据，先后为城乡规划建设、国土（自然）资源业务管理、交通与水利建设、农村土地承包经营权确权、平南县第三次国土调查、国土空间规划、不动产登记发证等重大工作实施提供及时适用的测绘成果保障服务，较好地服务平南县委、县政府中心工作。

"数字平南"公共服务平台和公众服务平台推广应用，开发了政务管理系统、领导工作用图、专题电子地图，有力支撑各级政府部门电子政务的业务协同，进一步提升了平南测绘地理信息公共服务水平，同时也为下一步的"智慧平南"建设提供了基础地理空间框架数据服务保障。

（五）社会经济效益显著

"十三五"期间，平南县基础测绘工作较好地服务于国土、城市建设、城市规划、旅游、水利、交通、环保等政府职能部门，实现了基础测绘成果多部门同时利用的良好局面。基础测绘统一组织实施较好地避免了重复测绘，最大限度地节约社会资金，减少政府重复资金投入。

基础地理信息数据用于国家机关决策及防灾、减灾、生态建设与保护、水土保持监测网络和信息系统的建设、国防建设等公益性事业，只收取工本费，无偿提供。使用财政资金的测绘项目和使用财政资金的建设工程测绘项目，通过申请领用基础测绘成果，在一定程度上实现资源共享，缩短工程的建设周期，减少重复投入，直接或间接地为建设单位节省了资金。

三、存在问题

平南县现有的平面控制成果、高程控制成果和 1 : 500 ～ 1 : 1000 比例尺地形图、地籍图主要还是第二次全国土地调查期间施测的，资料成果的现势性不强，已不能满足经济社会发展的需要。

（一）现代测绘基准体系建设有待完善

随着测绘新技术的快速发展，平南县现行测绘基准体系建设与更新已滞后于现代测绘技术发展步伐。"十三五"期间，平南县统一使用 CGCS2000，但在 2000 国家大地控制网建设投入力度上已滞后于经济社会建设的需求。辖区内已有 GPS 控制点和水准点主要是 2002—2015 年由自治区测绘地理信息局（原自治区测绘局，2011 年更名）和平南县国土资源局组织施测的。这些高等级的平面控制点和高程控制点年久失修，存在较大程度的破坏，明显制约了测绘基准体系的社会服务功能。辖区内已建立的 4 个 CORS 基准站分布不均匀，并且没有进行联网服务。尚未开展区域似大地水准面精化，未能快速提供 GNSS 大地高转换正常高服务。

"十四五"期间，亟须加大现代测绘基准体系建设投入力度，建成空间分布相对合理、实时和事后高精度、三维大地测量控制网，为平南县经济社会快速发展、各委办局业务开展提供与国家、自治区测绘基准统一的高精度的三维大地测量基准服务，以满足经济社会建设对大地测量基准成果的需求。

（二）基础地理信息数据获取与更新能力不足

"十三五"期间，全县基础地理信息数据获取与更新投入不够，1 : 500、1 : 1000、1 : 2000 比例尺地形图、地籍图数据更新缓慢，覆盖范围小。这些图件生产时间为 2010—2016 年，整体现势性不强。现有高分辨率遥感影像数据主要依靠上级下发或专项工作获取，尚不具备自主、定期遥感影像数据获取与更新能力。辖区现有的覆盖全域范围的 0.2 米分辨率遥感影像数据 DOM，是自治区测绘地理信息局 2014—2016 年统一航摄获取的数据。2019 年"数字平南"地理空间框架建设过程中获取的建成区 20 平方千米精细三维模型数据，是辖区分辨率最高的、现势性最强的基础地理信息数据。

基础地理信息数据获取与更新技术手段落后，地理信息数据获取与更新基础设施薄弱，削弱了基础地理信息成果社会化服务能力。因此，"十四五"期间，亟须建立基础地理信息数据动态更新机制，加大基础测绘财政投入，建成覆盖全域的基础地理信息数据库，更好地支撑自然资源"两统一"业务管理和各行业工作开展，更好地服务生态文明建设和经济社会发展。

（三）基础测绘成果应用广度和深度不够

基础测绘成果大部分属于国家秘密，采用统一技术标准生产，以4D产品形式申请领用，主要用于政府、企事业的专业生产应用。成果涉密且承载专题内容相对单一，导致大量基础地理信息数据没有得到深层次的开发应用，难以满足政府、企事业和大众对基础测绘成果的多元化需求，降低了基础测绘成果应用服务的广度和深度。另外，基础测绘成果共享机制尚未建立，导致基础地理信息数据重复采集、管理混乱、利用率低。

"十四五"期间，随着数字政府建设、数字经济建设、智慧城市建设加快实施，对地理空间信息成果的多元化应用需求将快速增长。要加大"数字平南"地理空间框架成果维护与更新投入，加大推广应用力度，有效推进"天地图·平南"地理信息公众平台与各行业、各部门专题信息数据的深度融合与应用服务。

（四）高素质复合型技术人才缺乏

"十三五"期间，辖区测绘资质持证单位一直在加强测绘专业技术人才引进与培养，但效果不明显。其主要原因有两个，一是地方人才引进政策和待遇的吸引力不够，二是当前年轻技术人才更多是选择在省会城市工作。

辖区测绘资质持证单位从事测绘工作的人员中仍然有大部分是非专业出身，整体测绘业务水平欠缺，难以独立承担技术难度较高的新型基础测绘工作。"十四五"期间，应争取更多的人才引进政策来吸引技术人才。另外，测绘资质单位应注重单位职工的继续教育和能力提升培训。

四、需求分析

2021—2025年是平南县第十四个五年规划发展时期。平南县经济社会发展涉及各方面的基础设施建设，基础测绘为各项工作的顺利开展提供了不可缺少的基础测绘成果服务。平南县城市基础设施建设、港口发展、土地利用、矿产资源、水利水电建设、乡村振兴、旅游等规划的组织实施，都离不开基础测绘所提供的地理空间信息数据服务。

2020 年 5—7 月，为了全面了解各个行业对基础测绘成果的需求，科学编制平南县基础测绘"十四五"规划，确保"十四五"期间基础测绘任务组织实施更加符合平南县的实际需要，规划编制小组收集国家、自治区、平南县有关基础测绘"十四五"规划编制的法律、法规和政策性、指导性文件，召开平南县基础测绘"十四五"规划编制工作调研座谈会。同时，采用问卷调查、实地需求调研等多种方式收集了自然资源系统不同部门以及非自然资源系统的其他单位部门的需求意见。在此基础上，研究提出平南县"十四五"时期基础测绘发展目标、指导原则、专项任务、重大课题。

（一）平南县自然资源局各部门管理需求

1. 测绘地理信息管理股

测绘地理信息管理股基于本股室业务和管理需要，对基础测绘"十四五"规划提出了以下需求：一是加快现代测绘基准基础设施建设；二是提升 1∶500 ～ 1∶2000 基础地理信息数据获取能力，更好地为自然资源业务管理以及经济建设各部门提供基础测绘成果服务；三是进一步推进地理信息公共（公众）服务平台数据应用与推广服务，及时更新维护平台数据。

2. 执法督察与调查监测股

执法督察与调查监测股基于本科室业务和管理需要，提出以下需求：一是要加快航空航天遥感影像数据获取能力建设；二是需要更高分辨率、更多时相、更高现势性的遥感影像，尤其是城区、矿区、林区重点区域应该优先覆盖，以便快速、准确发现违法占用耕地等违法行为，降低执法成本。

3. 耕地保护股

耕地保护股根据永久基本农田动态监测管理工作的需要，提出统一获取并提供覆盖全市的、高分辨率、现势性强的遥感影像成果资料。

4. 确权登记股

确权登记股根据股室业务管理需要，提出"十四五"期间亟须 1∶500、1∶1000 比例尺地形图数据，自然资源调查需要 1∶10000 比例尺地形图数据，现有的数据现势性不足以支撑平南县确权登记的需要。

5. 不动产登记中心

不动产登记中心根据业务管理需要,提出"十四五"期间城镇地籍、农宅发证业务开展需要大量无人机航摄建模成果。

6. 规划股

规划股根据业务管理需要,提出"十四五"期间城乡规划、控规等业务开展需要1∶2000、1∶1000比例尺地形图和DOM、卫片等数据。增减挂项目使用的遥感影像不够清晰,有时导致立项不实。

7. 林改股

林改股根据股室业务管理需要,提出"十四五"期间集体林权查漏补缺需要1∶2000地形图、影像图。

8. 土地储备中心

土地储备中心根据部门业务管理需要,提出"十四五"期间需要更新周期快的高分辨率影像数据对违建、违法堆土和取土等进行监测,最好是每个月都有遥感影像数据。

9. 平南县国土资源测绘院

平南县国土资源测绘院根据业务开展的需要,提出平南县 D 级 GNSS 控制网的控制点标志部分被破坏,有必要布设新的控制网,加强测绘基准建设。

综合各部门根据自然资源业务工作对"十四五"期间基础测绘成果提出的需求,主要包括以下五个方面:一是测绘基准建设与应用;二是统一航空航天遥感影像数据获取与服务;三是系列比例尺地形图、地籍图和 DOM 测制与更新,尤其是重点区域大比例尺地形图更新测制;四是地理信息公共(公众)平台数据更新与推广应用;五是测绘地理信息成果汇交与共享体制机制建设。

(二)平南县其他行业单位的需求

1. 平南县佳正测绘有限公司

平南县佳正测绘有限公司结合公司业务需求,对平南县基础测绘"十四五"规划编制提出以下建议：一是公司技术薄弱、人才引进难，建议在"十四五"规划中加入对地方测绘资质单位技术扶持、加强培训等内容；二是控制点破坏较严重，建议加强建设。

2. 平南县房地产测绘队

平南县房地产测绘队的业务主要集中在房产测绘，基础测绘涉及较少。

3. 平南县三维测绘有限公司

平南县三维测绘有限公司的控制点破坏较严重，需要加强建设。

综合行业单位的自然资源业务工作对"十四五"期间基础测绘成果提出的需求，主要包括以下三个方面：一是开展高等级控制网建设；二是提供更多的技术培训与人才支持；三是基础测绘成果共享与服务。

五、主要任务

按照《广西市县基础测绘"十四五"规划编制导则》的指导意见，充分考虑平南县基础测绘发展现状、"十四五"期间经济社会建设和发展目标，更好地支撑自然资源"两统一"业务管理和各行业工作开展对基础测绘成果应用的需求，更好地服务生态文明建设，就基础测绘事业发展和成果应用服务提出以下六个主要任务。

（一）测绘基准建设与维护

"十四五"期间，全面建成平南县现代测绘基准体系，提供覆盖全域、基准统一、高精度、动态三维的大地测量基准成果服务。按照贵港市自然资源局统筹部署，通过改造、扩建平南辖区 CORS 基准站基础设施，建成 PNCORS，实现米级、分米级精度的实时导航服务和实时厘米级、后处理毫米级精度的高精度定位服务。开展厘米级精度的 PNGEOID 精化计算，实现实时和事后的大地高转换正常高。

复测与更新平南县 D 级 GNSS 控制网，满足乡镇、行政村经济社会建设对高等级控制资料的需求。进一步推进 CGCS2000 在各行业部门的应用，为基础地理信息成果汇交、建库和共享机制建立奠定基础。定期组织开展辖区高等级永久性测量标志普查、维护工作。

（二）基础航空摄影和遥感影像获取能力建设

"十四五"期间，加快开展航空航天遥感影像统筹获取能力建设，提升国产卫星高分辨率遥感影像、航空摄影测量、无人机倾斜摄影测量等遥感影像快速获取能力。通过自然资源广西卫星应用技术中心贵港分中心／贵港节点资源推送服务，推进卫星遥感应用融入自然资源调查、监管、评估、决策等业务管理中，发挥卫星遥感多任务应用技术支撑服务能力。

（三）基础地理信息数据生产和更新

"十四五"期间，基于自然资源广西卫星应用技术中心贵港分中心／贵港节点资源推送服务，建立国产卫星影像统筹获取、联动更新与共享机制。统筹安排低空无人机航空数码摄影测量，统一组织 1：2000 比例尺 DOM 数据获取与生产，实现全域每两年更新一次的总体目标。

对建成区、重点规划区、工业产业园区、重大工程沿线等重点区域按需进行低空无人机倾斜摄影测量，开展 1：500、1：1000 比例尺 DLG 和 DOM 的绘制与更新。

（四）基础地理信息数据库及公共（公众）平台建设

"十四五"期间，开展基础地理信息数据库建库，建成包括多时相、多尺度的DLG 数据库、DOM 数据库、DEM 数据库、DRG 数据库、地名地址数据库等。持续推进"数字平南"地理空间框架、地理信息公共（公众）平台及应用示范建设，提高基础测绘成果多元化、大众化应用服务能力。

（五）实景三维测绘

"十四五"期间，基于无人机倾斜摄影测量技术开展建成区实景三维数据采集与快速更新、实景三维影像数据建库，持续丰富测绘地理信息资源类型。面向不动产登记、生态修复等自然资源管理业务开展实景三维数据应用推广，提高基础测绘多元化成果应用服务能力，拓展服务应用领域。

（六）新型基础测绘体系建设

"十四五"期间，围绕新型基础测绘生产方式、作业方法、数据成果和服务模式开展创新研究，探索"一个实体只测一次"的市县分级负责、联动更新的地理实体数据采集、应用服务新模式。基于获取的实景三维数据初步开展地理实体数据采集试点工程。

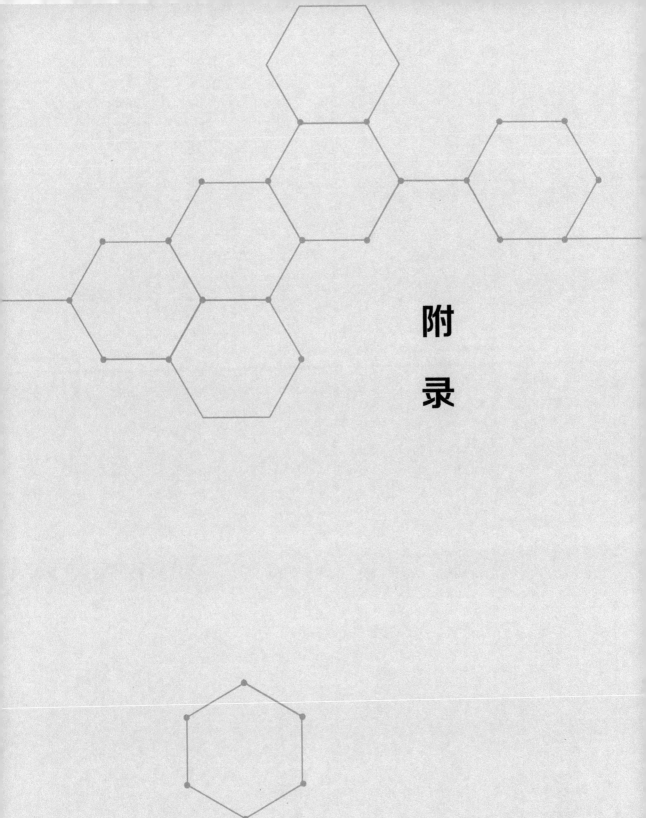

附

录

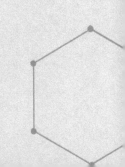

广西壮族自治区自然资源厅办公室
关于印发《广西市县基础测绘"十四五"规划编制导则》的通知

桂自然资办〔2020〕379 号

各市、县自然资源主管部门：

为做好我区市、县基础测绘"十四五"规划编制工作，根据《中华人民共和国测绘法》《广西壮族自治区测绘管理条例》的规定，按照《自然资源部办公厅关于印发〈全国基础测绘"十四五"规划编制指南〉的函》(自然资办函〔2019〕1914 号)要求，我厅研究制定了《广西市县基础测绘"十四五"规划编制导则》，现印发给你们，请遵照执行。

附件：广西市县基础测绘"十四五"规划编制导则

广西壮族自治区自然资源厅办公室

2020 年 9 月 11 日

附件

广西市县基础测绘"十四五"规划编制导则

基础测绘规划是法定规划，编制基础测绘规划是《中华人民共和国测绘法》赋予测绘地理信息主管部门的法定职责。为加强对我区市、县基础测绘"十四五"规划编制工作的指导，根据《中华人民共和国测绘法》《广西壮族自治区测绘管理条例》和《全国基础测绘"十四五"规划编制指南》要求，提出如下规划编制导则。

一、总体要求

市县级基础测绘"十四五"规划是本行政区域发展规划体系中的重要专项规划，是"十四五"开展基础测绘工作及重大基础测绘项目的基本依据。全区设区市和县原则上都要编制规划，对确实有困难的县，可在市级规划中做具体安排。市县级规划编制工作应在本级人民政府和上级自然资源主管部门指导下，由本级自然资源主管部门负责组织编制。

市县级规划必须全面贯彻党中央国务院关于专项规划编制的一系列要求，认真落实自然资源部关于"十四五"规划编制的一系列决策部署和陆昊部长批示精神，突出国家、地方、行业发展战略导向和监管依据作用。根据市县基础测绘管理职责，并结合本行政区域实际，有针对性地开展研究，确定规划思路，细化管控措施，解决具体问题。市、县级自然资源主管部门要切实加强对基础测绘"十四五"规划编制工作的统一领导和组织协调，落实保障规划编制的人员队伍和资金投入，确保规划编制工作高质量开展。

（一）编制依据。

1.《中华人民共和国测绘法》（2017年7月1日起施行）；

2.《基础测绘条例》（2009年8月1日起施行）；

3.《全国基础测绘中长期规划纲要（2015—2030年）》（国函〔2015〕92号文批复，2015年6月印发）；

4.《全国基础测绘"十四五"规划编制指南》（自然资办函〔2019〕1914号文附件）；

5.《广西壮族自治区测绘管理条例》(2019 年 10 月 1 日起施行);

6.《广西壮族自治区基础测绘"十四五"规划编制工作方案》(桂自然资办发〔 2020〕230 号);

7. 基础测绘管理相关政策。

(二)规划期。

规划以 2020 年为基期,2025 年为目标年,展望到 2035 年。

(三)编制基本原则。

1. 战略性原则。

要立足区内、区外基础测绘工作发展实际,准确把握国家、自治区、本地区发展战略、政策取向和机构改革后自然资源管理对基础测绘的新定位、新要求,对标本地区"十四五"国民经济与社会发展目标和自然资源发展任务,以战略眼光谋划本地区基础测绘"十四五"时期发展目标任务。

2. 衔接性原则。

要切实做好与上级规划、相邻地区规划和其他与基础测绘密切相关的专项规划的衔接协调,细化落实上级规划部署,理清市县基础测绘管理边界和职责,明确目标指标、重点任务和重大工程项目,做到各类规划统筹考虑,上下、左右衔接,构建国家、省、市县规划一盘棋的基础测绘规划体系。

3. 创新性原则。

强化基层调研,提高规划编制的社会参与度,综合运用大数据、物联网、云计算、人工智能等信息技术手段,提高规划编制支撑数据收集、整理、分析的准确性和有效性,通过在规划编制的组织方式、编制流程、编制方法等方面的创新,切实提高编制和决策的科学性、透明度。

4. 可操作性原则。

规划编制要结合本地区的实际情况,并充分考虑当前经济发展水平、自然资源要求、基础测绘建设基础等条件,提出符合本地区实际的基础测绘发展目标,确保编制规划在规划期内切实可行。

5. 技术与经济相统一原则。

规划中的重点任务、重大工程要充分利用好当前的测绘新技术,从经济节约出发,通过技术手段,降低重大工程项目的生产成本,提高项目经济效益,最大限度发挥基础测绘技术支撑作用。

二、规划主要内容

（一）现状与形势。

1."十三五"规划实施成效和存在问题。

围绕本行政区域"十三五"期间基础测绘工作开展情况，从基础测绘管理体制机制、测绘基准体系建设、基础地理信息生产与更新、基础测绘服务保障能力等方面，总结本地区"十三五"基础测绘工作取得的成就和存在的主要问题。

2.形势与挑战。

根据本地区经济社会发展需求，结合机构改革后自然资源管理"两统一"职责履行对基础测绘的新要求，基于传统基础测绘向新型基础测绘转变和大数据、物联网、云计算、人工智能等新技术带来的挑战和机遇，分析本地区基础测绘的发展趋势。

（二）总体要求。

1.指导思想。

从全面贯彻落实党的十九大和十九届二中、三中、四中全会精神，深入贯彻落实习近平总书记系列讲话精神以及对广西题词精神的总目标总要求出发，根据国家、自治区和本地区的政策导向及有关要求，结合本地区经济社会发展实际，围绕新时代经济社会高质量发展、生态文明建设和自然资源"两统一"职能履行对基础测绘服务的新需求、新要求，提出规划指导思想。

2.基本原则。

按照自治区、本地区的经济社会总体发展和自然资源管理对基础测绘的需求，结合本地区自然资源管理和基础测绘工作的特点，确定规划基本原则。

3.发展目标。

在全面落实上级规划基础上，结合本地区实际，提出"十四五"期间测绘基准建设、基本比例尺地形图数据采集与更新、航空航天遥感数据统筹获取、数字城市时空大数据平台建设等方面的目标。同时，可根据本地实际，提出城镇实景三维测绘、新型基础测绘等方面的预期性指标。

（三）主要任务。

应根据本地区"十四五"时期国民经济建设和社会发展规划目标要求，确立本地区基础测绘的主要任务，每项任务均提出达到的目标。主要任务可包括但不限于以下内容：

1.测绘基准建设与维护。

以满足本行政区基础测绘和经济社会发展对导航定位的需求为基本要求，在本行政区域内开展平面控制网、高程控制网和现代空间定位基础框架的加密、复测与维护；推进 2000 国家大地坐标系在本行政区域内全面使用。

2. 基础地理信息数据生产和更新。

全面落实自治区测绘管理条例要求，结合本行政区实际，制定基础测绘成果定期更新制度，并开展 1∶500、1∶1000、1∶2000 基本比例尺地图、影像图、数字化产品的测制和更新。根据需求开展本行政区的政务工作用图编制工作，为地方政府提供地图保障服务。

3. 基础地理信息数据库的建设、维护和更新。

建设和完善基础地理信息数据库。已建设完成数字城市（县域）地理空间框架的市县，在确保平台稳定运行基础上重点对数据库进行更新、维护，研究基础地理信息数据库与自然资源其他业务数据库之间的分工协作关系。逐步开展新型基础测绘体系建设和探索开展地理实体时空数据库建设有关问题。

4. 基础航空摄影和遥感影像获取与服务。

在自治区"十四五"期间航空航天遥感影像统筹规划基础上，结合本地区经济社会发展需求，开展航空航天遥感影像统筹获取、快速处理、信息采集与更新、应用服务等工作。

5. 实景三维测绘。

基础条件较好的地区，可根据本行政区域经济社会发展需要，开展实景三维测绘工作，逐步建立覆盖重点区域乃至全市域的高精度实景三维数据库。探索实景三维数据支撑下的自然资源管理新模式。

（四）重点工程。

根据发展目标要求及主要任务，提出本地区"十四五"期间基础测绘需重点开展的具体工程项目，每项重点工程项目应提出具体建设内容和量化指标。重点工程项目可以根据本地区实际情况，参照以下所列工程开展建设，但不限于所列工程。

1. 测绘基准建设与维护工程。

结合本地区需求，开展本行政区域内卫星导航定位基准站、GNSS 控制点、水准点等平面和高程控制网点的加密、复测与维护工作。对接自治区级北斗地基增强系统，根据需求，通过补充加密卫星导航定位基准站点，建设或完善本区域卫星导航定位基准站网，提升本地区的卫星导航位置服务能力。

2. 基础航空摄影和遥感影像获取工程。

统筹基础测绘、村庄规划、农村宅基地房地一体确权颁证、卫片执法督察等自然资源管理业务需求，综合利用无人机等航空器，集约节约开展本地区优于 0.2 米、

0.1 米、0.05 米分辨率航空影像、倾斜影像、激光 LiDAR 等遥感数据获取。充分利用全区卫星遥感影像统筹数据资源，根据实际需求，按年度、按季度补充获取本地区优于 2 米、1 米、0.5 米分辨率光学影像以及高光谱、多光谱、雷达影像等多类型遥感影像，满足生态保护修复、土地变更调查、专题监测等自然资源监管以及住建、交通、农业、林业、水利等各部门遥感影像需求。

3. 基础地理信息数据生产及数据库维护工程。

（1）1∶500、1∶1000、1∶2000 基础地理信息数据更新。

开展市县 1∶500、1∶1000、1∶2000 比例尺数字线划图分要素、分区域、实体化数据采集与更新；开展市县优于 0.2 米、0.1 米、0.05 米分辨率数字正射影像图生产与更新，有条件的地区，可开展航摄区域高精度数字高程模型采集与更新；开展市县地名地址数据采集与常态化更新。

（2）完善数字城市地理空间框架建设成果。

结合本地区发展需要，继续完善数字城市地理空间框架建设成果，重点做好基础地理信息数据库建库与更新，研究制定框架建设、运行、维护的资金与人才保障机制。有条件的地区，可加快推动时空数据库建设，推动数字城市地理空间框架向智慧城市时空大数据平台的转型升级。

（3）地图制图工程。

利用基础地理数据开展本行政区域地图、政务工作用图及城市地图集编制工作，为政府管理和社会公众提供地图服务保障。

4. 实景三维测绘工程。

综合利用倾斜摄影测量、激光 LiDAR 等技术，在市、县重点区域或全域开展高精度实景三维数据生产，对接实景三维广西建设成果，实现省市县数据共享；面向不动产登记、生态修复等自然资源管理业务开展实景三维数据应用推广。

5. 新型基础测绘试点。

条件具备的设区市可开展分要素测绘、分级测绘、分工序协作的市、县联动的地理实体时空数据库建设试点，实现市、县现有基础地理信息数据的实体化转换。开展新型基础测绘关键技术研究。

（五）保障措施。

从法律政策、组织管理、经费投入、科技支撑、人才装备等方面提出保障规划实施的相关措施。确保本行政区域基础测绘"十四五"规划按计划有序落地实施。

三、规划成果要求

（一）规划文本。

一般应包含本地区基础测绘基本情况、"十四五"面临的形势、指导思想、基本原则、发展目标、主要任务、重点项目、保障措施等内容。文字表达应简明扼要、重点突出、数据准确。

（二）规划编制说明。

主要阐述规划编制过程，涉及的重点任务，与上级基础测绘规划、本级自然资源规划及其他规划的衔接情况，同级人民政府对规划的审核情况，征求意见及采纳修改情况等。

（三）规划图件。

1.基础测绘现状图件：已有基础测绘成果分布图，包括不同种类基础测绘成果分布图、基础测绘成果不同现势性情况图等。

2."十四五"规划期间主要任务和重大项目的规划图件：基础航空摄影和遥感影像获取规划图、各种基本比例尺地形图测绘规划图等。

防城港市人民政府
关于同意《防城港市基础测绘"十四五"规划》的批复

防政函〔2021〕209 号

防城港市自然资源局：

《关于审定〈防城港市基础测绘"十四五"规划〉的请示》收悉。经研究,现批复如下：

一、原则同意《防城港市基础测绘"十四五"规划》(以下简称《规划》)。

二、《规划》实施要坚持以习近平新时代中国特色社会主义思想为指导,全面贯彻党的十九大和十九届二中、三中、四中、五中、六中全会精神,按照测绘工作"支撑自然资源管理、服务生态文明建设,支撑各行业需求、服务经济社会发展"的根本定位,以推动高质量发展为主题,以供给侧结构性改革为主线,以构建新型基础测绘体系为引领,全面提升测绘地理信息服务保障能力和水平,为我市经济高质量发展提供有力支撑。

三、各县(市、区)人民政府要切实加强组织领导,落实主体责任,加大支持力度,依据《规划》提出的目标任务,切实推动本地区基础测绘实现新发展。

四、市人民政府有关部门要根据职责分工,密切配合,在年度计划编制、基础测绘经费投入、政策体系完善、体制机制创新等方面给予积极支持。市自然资源局要牵头做好《规划》的组织实施工作,加强跟踪分析和督促检查,认真研究解决《规划》实施中出现的问题,重大情况及时按程序向市人民政府报告,确保完成《规划》确定的各项任务。

防城港市人民政府办公室

2021 年 12 月 29 日

平南县人民政府办公室
关于印发《平南县基础测绘"十四五"规划（2021—2025）》的通知

平政办通〔2021〕60 号

县人民政府各组成部门，各有关单位：

《平南县基础测绘"十四五"规划（2021—2025）》已经第 17 届县人民政府第 3 次常务会议审议通过，现印发给你们，请认真组织实施。

平南县人民政府办公室

2021 年 11 月 1 日

本书常见缩略词

全球导航卫星系统，Global Navigation Satellite System，GNSS

全球定位系统，Global Positioning System，GPS

北斗卫星导航系统，BeiDou Navigation Satellite System，BDS

连续运行（卫星定位服务）参考站，Continuously Operating Reference Stations，CORS

2000 国家大地坐标系，China Geodetic Coordinate System 2000，CGCS2000

数字正射影像图，Digital Orthophoto Map，DOM

数字线划地图，Digital Line Graphic，DLG

数字高程模型，Digital Elevation Model，DEM

数字表面模型，Digital Surface Model，DSM

实时动态载波相位差分技术，Real – time kinematic，RTK

实时动态码相位差分技术，Real Time Differential，RTD

定位导航授时，Positioning Navigation and Timing，PNT

区域似大地水准面模型，GEOID

广西北斗卫星定位综合服务系统，GXCORS

防城港市北斗卫星定位综合服务系统，FCGCORS

防城港市区域似大地水准面模型，FCGGEOID

防城港市现代测绘基准框架，FCGCORS + FCGGeoid

平南县北斗卫星定位综合服务系统，PNCORS

平南县区域似大地水准面模型，PNGEOID

平南县现代测绘基准框架，PNCORS + PNGEOID

防城港市基础测绘"十四五"规划附图

审图号：桂 S（2022）35 号

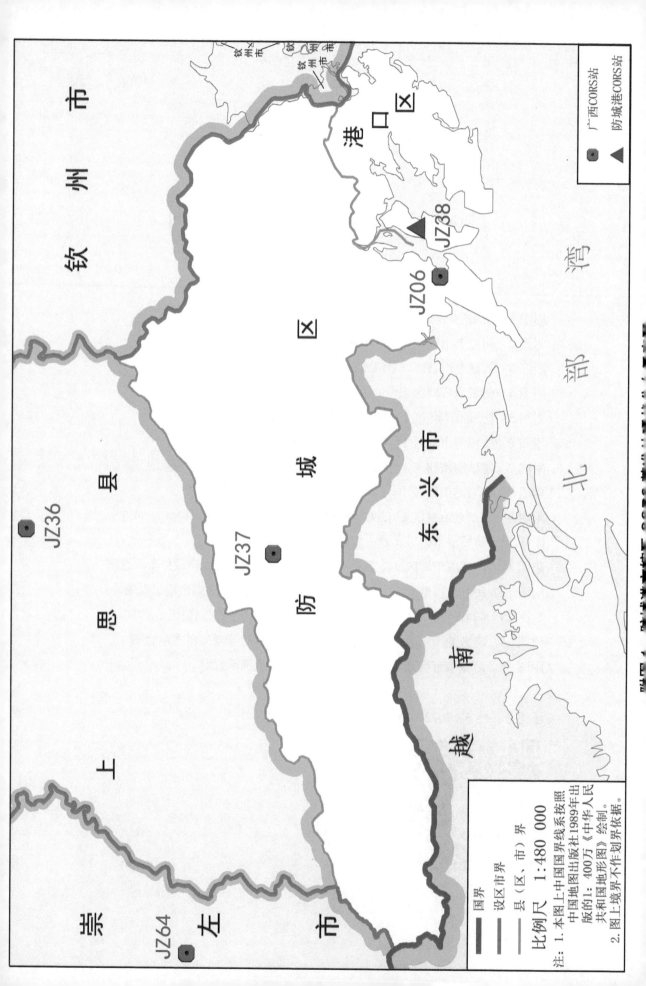

钦 州 市

钦
州

崇   上   思   县

JZ36

JZ64   左

市   防   城   区

JZ37

港
口
区

JZ06

JZ38

东   兴   市

越   南

北

部   湾

广西CORS站
防城港CORS站

国界
设区市界
县（区、市）界
比例尺   1：480 000

注：1. 本图上中国国界线系按照
中国地图出版社1989年出
版的1：400万《中华人民
共和国地形图》绘制。
2. 图上境界不作划界依据。

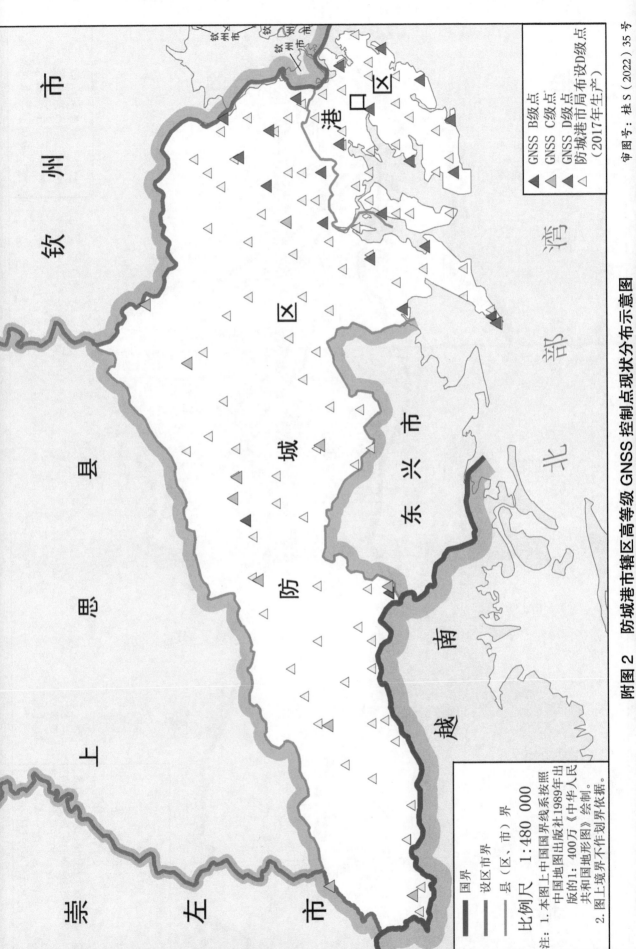

附图 2　防城港市辖区高等级 GNSS 控制点现状分布示意图

审图号：桂 S（2022）35 号

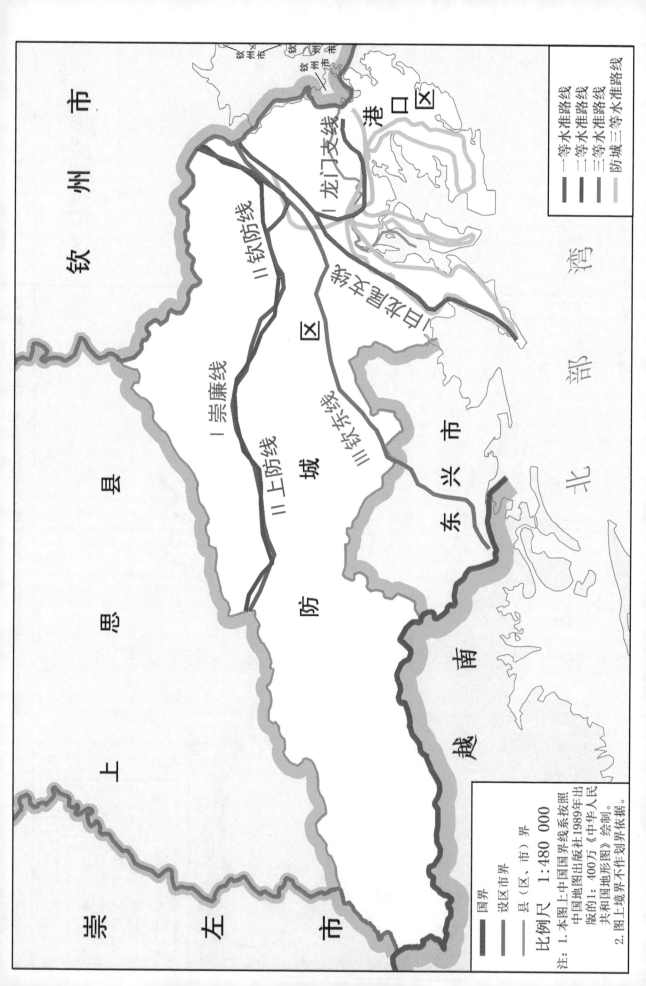

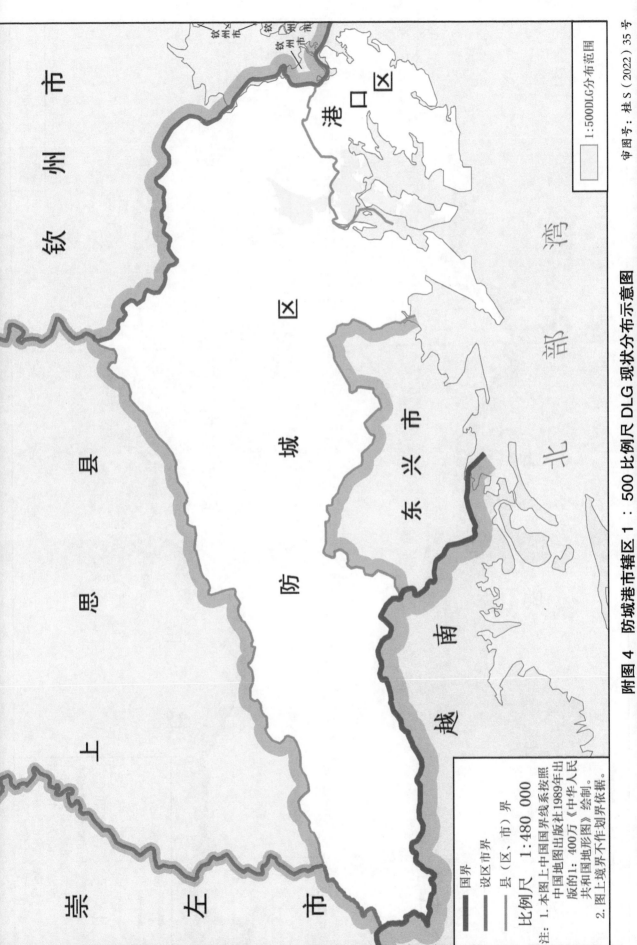

钦 州 市

港 口 区

钦
州
市

钦州市

钦州市

区

城

防

东 兴 市

思

县

上

崇

左

市

市

越 南

北 部 湾

1:500DLG分布范围

审图号：桂 S（2022）35 号

图 例
━━━ 国界
━━━ 设区市界
━━━ 县（区、市）界
比例尺　1：480 000

注：1. 本图上中国国界线系按照
中国地图出版社1989年出
版的1：400万《中华人民
共和国地形图》绘制。
2. 图上境界不作划界依据。

附图 4　防城港市辖区 1：500 比例尺 DLG 现状分布示意图

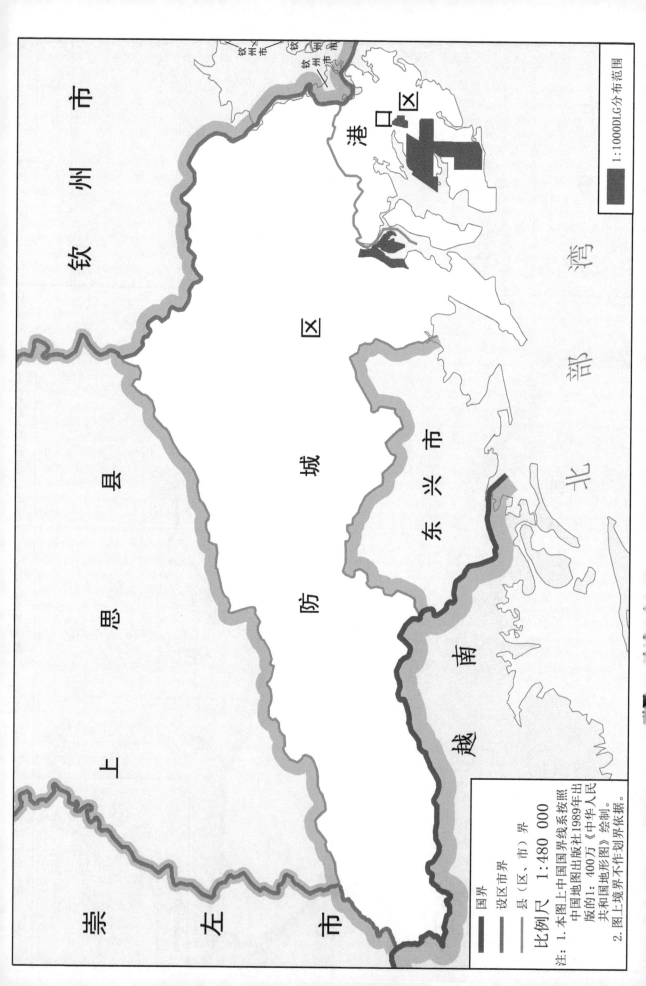

钦 州 市

钦 州 市

钦州市

钦州市

港 口 区

防 城 区

东 兴 市

北 部 湾

越 南

崇 左 市

上 思 县

1:1000DLG分布范围

国界
设区市界
县（区、市）界
比例尺　1:480 000

注：1. 本图上中国国界线按照
中国地图出版社1989年出
版的1：400万《中华人民
共和国地形图》绘制。
2. 图上境界不作划界依据。

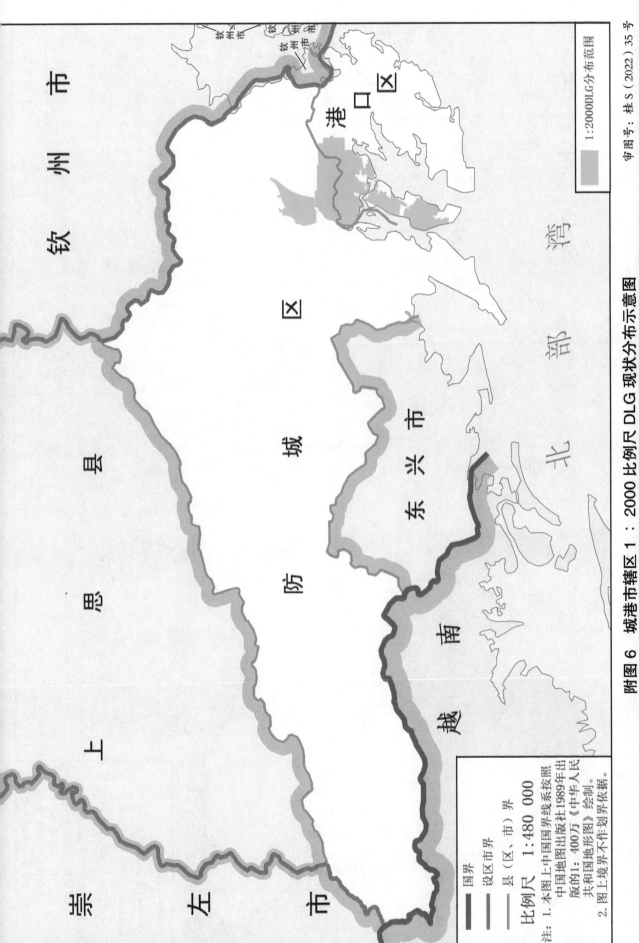

钦 州 市

钦

港 口 区

湾

部

北

城 区

城

市

兴

东

防

南

越

思 县

上

崇

左 市

市

县（区、市）界

设区市界

国界

比例尺 1：480 000

注：1. 本图上中国国界线按照
中国地图出版社1989年出
版的1：400万《中华人民
共和国地形图》绘制。
2. 图上境界不作划界依据。

1：2000DLG分布范围

审图号：桂 S（2022）35 号

附图 6 城港市辖区 1：2000 比例尺 DLG 现状分布示意图

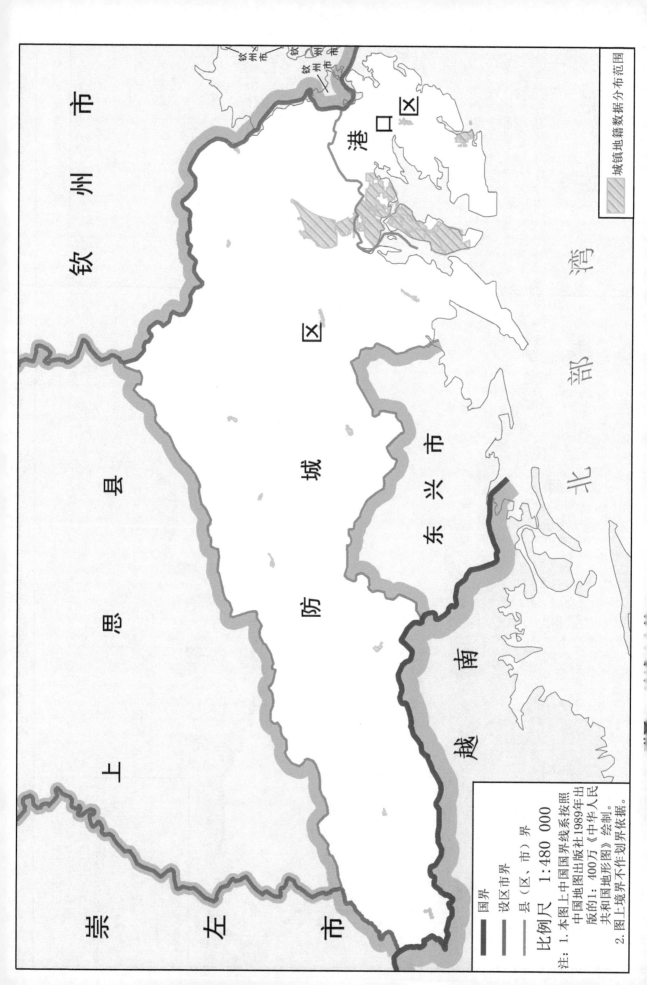

钦　州　市

钦州市
钦州市
钦州市

港　口　区

区

城

防

东　兴　市

东

南

越

部

湾

北

崇

左　市

上　思　县

城镇地籍数据分布范围

国界

设区市界

县（区、市）界

比例尺　1 : 480 000

注：1. 本图上中国国界线按照
　　中国地图出版社1989年出
　　版的1 : 400万《中华人民
　　共和国地形图》绘制。
　　2. 图上境界不作划界依据。

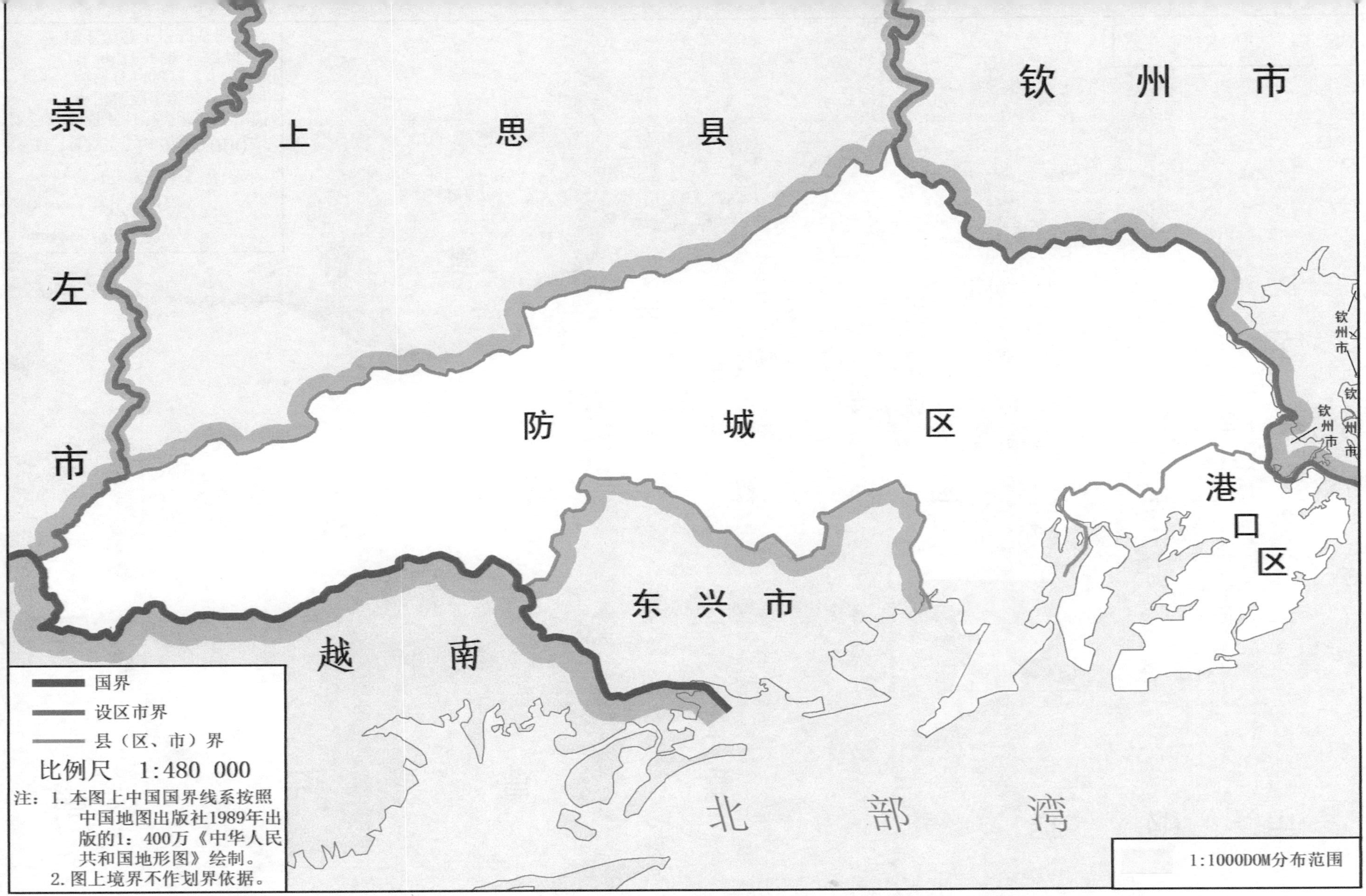

钦 州 市

港 口 区

钦 州 市

1:1000DOM分布范围

防 城 区

北 部 湾

东 兴 市

防

思 县

上

崇 左 市

南

越

图例

■■ 国界
■■ 设区市界
■■ 县（区、市）界

比例尺　1:480 000

注：1. 本图上中国国界线系按照
中国地图出版社1989年出
版的1:400万《中华人民
共和国地形图》绘制。
2. 图上境界不作划界依据。

附图 8　防城港市辖区 1：1000 比例尺 DOM 现状分布示意图

审图号：桂 S（2022）35 号

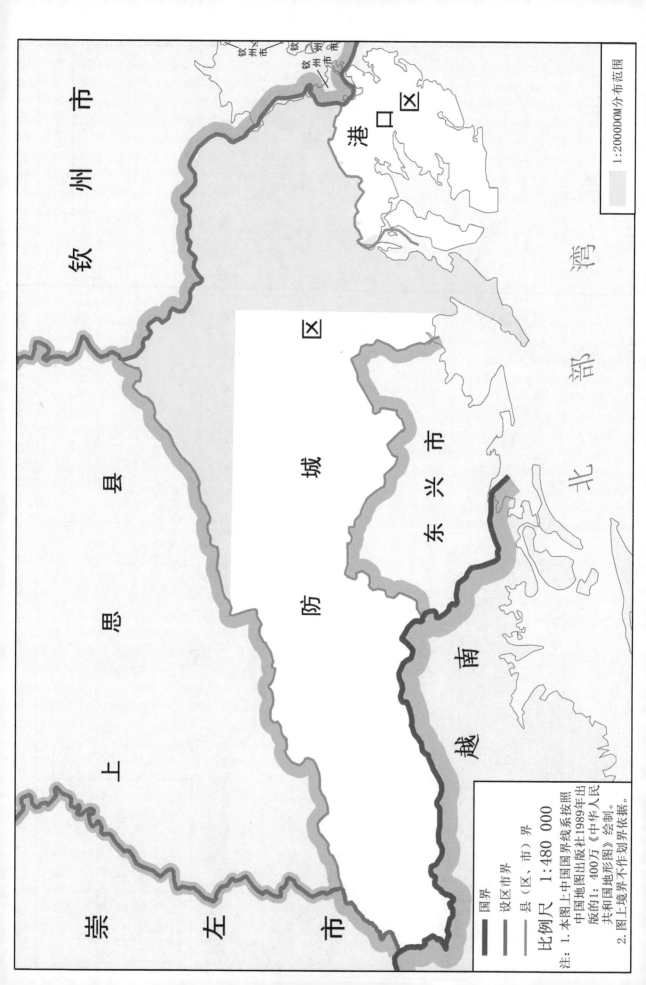

钦 州 市

钦 州 市

港 口 区

钦州市
钦州市

钦州市

北 部 湾

区

城

防

东 兴 市

越 南

思

上

思

左

崇

左 市

崇 市

比例尺 1:480 000

国界
设区市界
县（区、市）界

注：1. 本图上中国国界线按照
中国地图出版社1989年出
版的1：400万《中华人民
共和国地形图》绘制。
2. 图上境界不作划界依据。

1:2000DOM分布范围

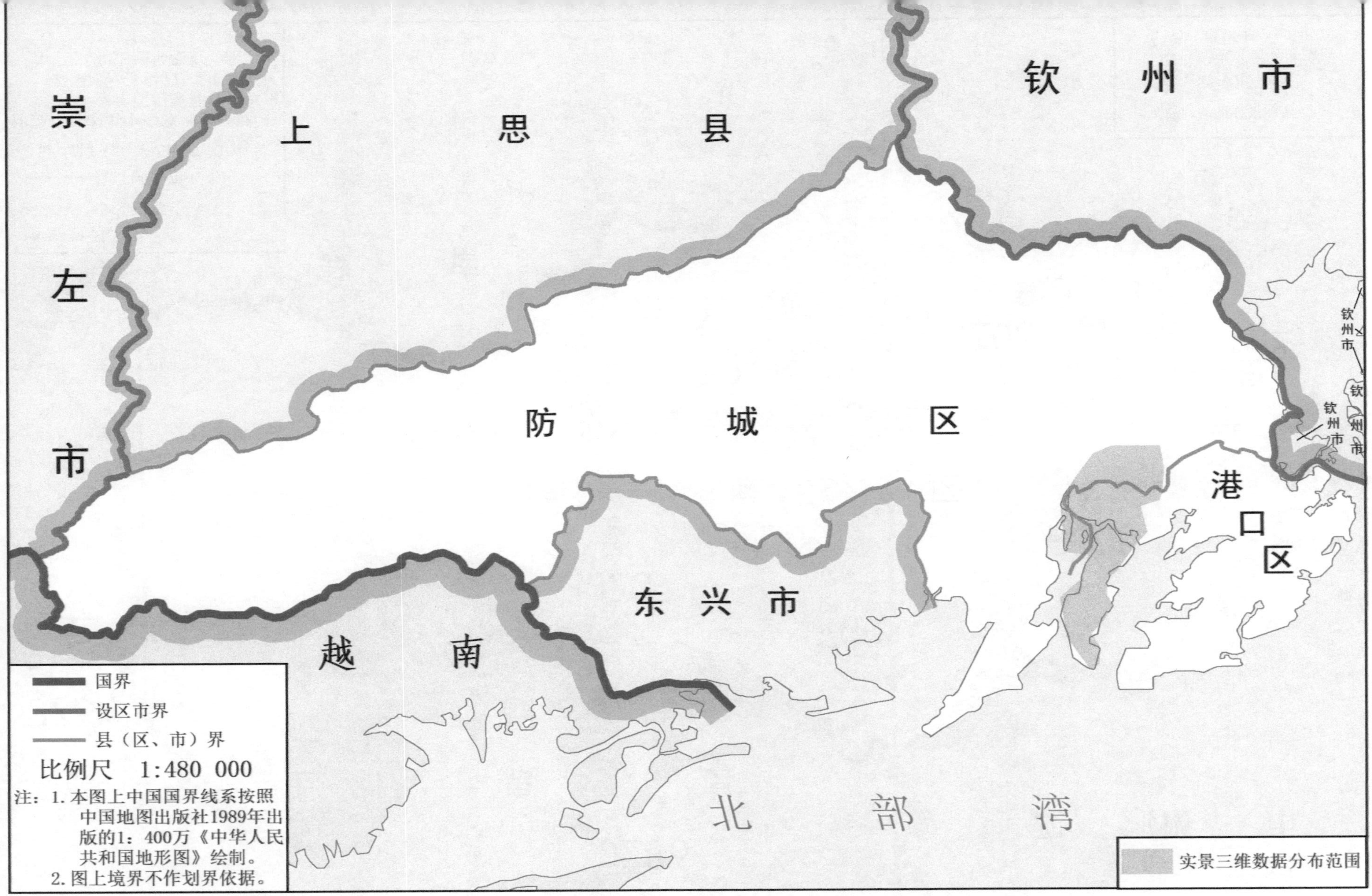

钦 州 市

钦 州 市

港 口 区

防 城 区

东 兴 市

上 思 县

越 南

北 部 湾

崇 左 市

实景三维数据分布范围

审图号：桂 S（2022）35 号

国界
设区市界
县（区、市）界
比例尺　1：480 000

注：1. 本图上中国国界线系按照
中国地图出版社1989年出
版的1：400万《中国地形图》
共和国境界不作划界依据。
2. 图上境界不作划界依据。

附图 10　防城港市辖区实景三维数据现状分布示意图

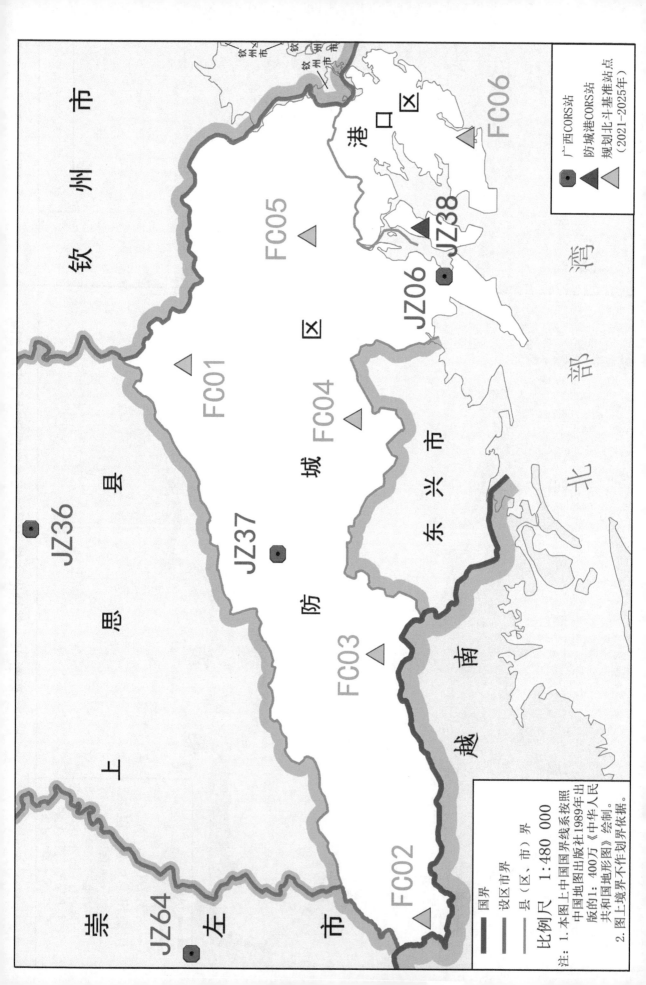

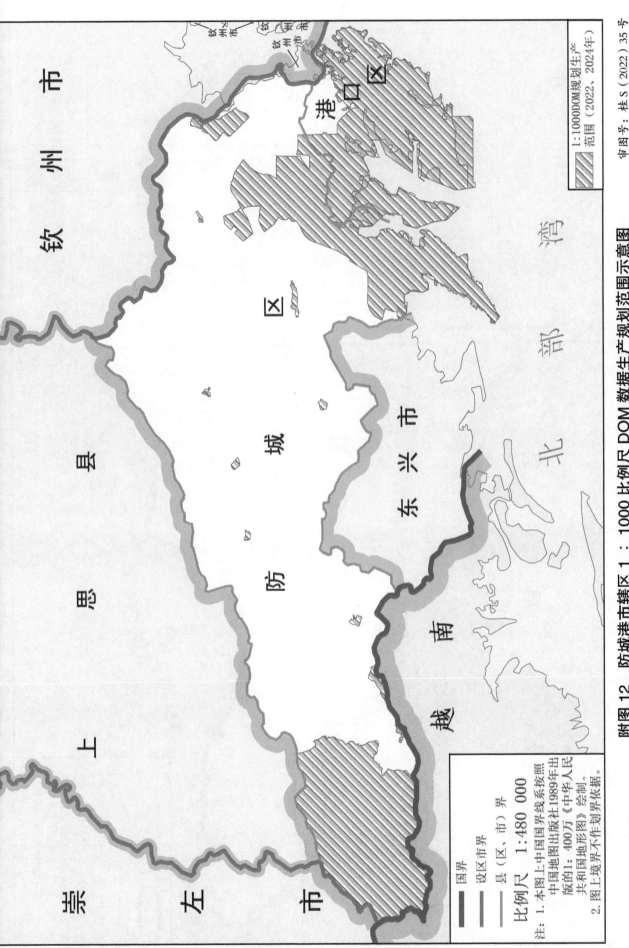

审图号：桂 S（2022）35 号

附图 12　防城港市辖区 1∶1000 比例尺 DOM 数据生产规划范围示意图

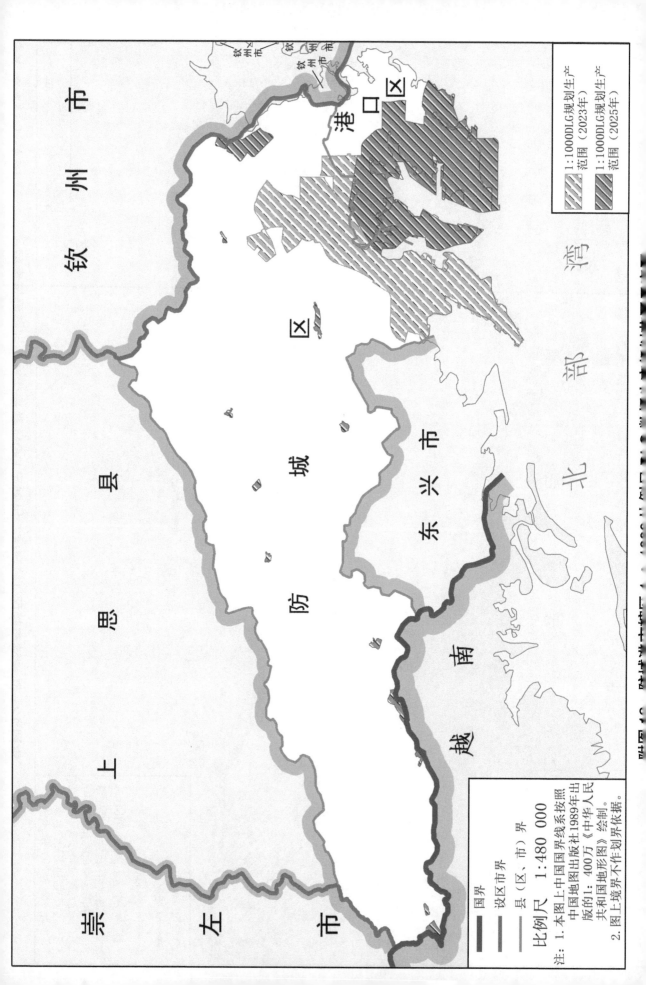

钦州市

钦州

钦州市

钦州市

港口区

区

城

防

东兴市

越南

北部湾

部

湾

崇

左

市

上

县

思

注：1. 本图上中国国界线系按照
中国地图出版社1989年出
版的1：400万《中华人民
共和国地形图》绘制。
2. 图上境界不作划界依据。

比例尺　1：480 000

国界
设区市界
县（区、市）界

1：1000DLG规划生产
范围（2023年）

1：1000DLG规划生产
范围（2025年）

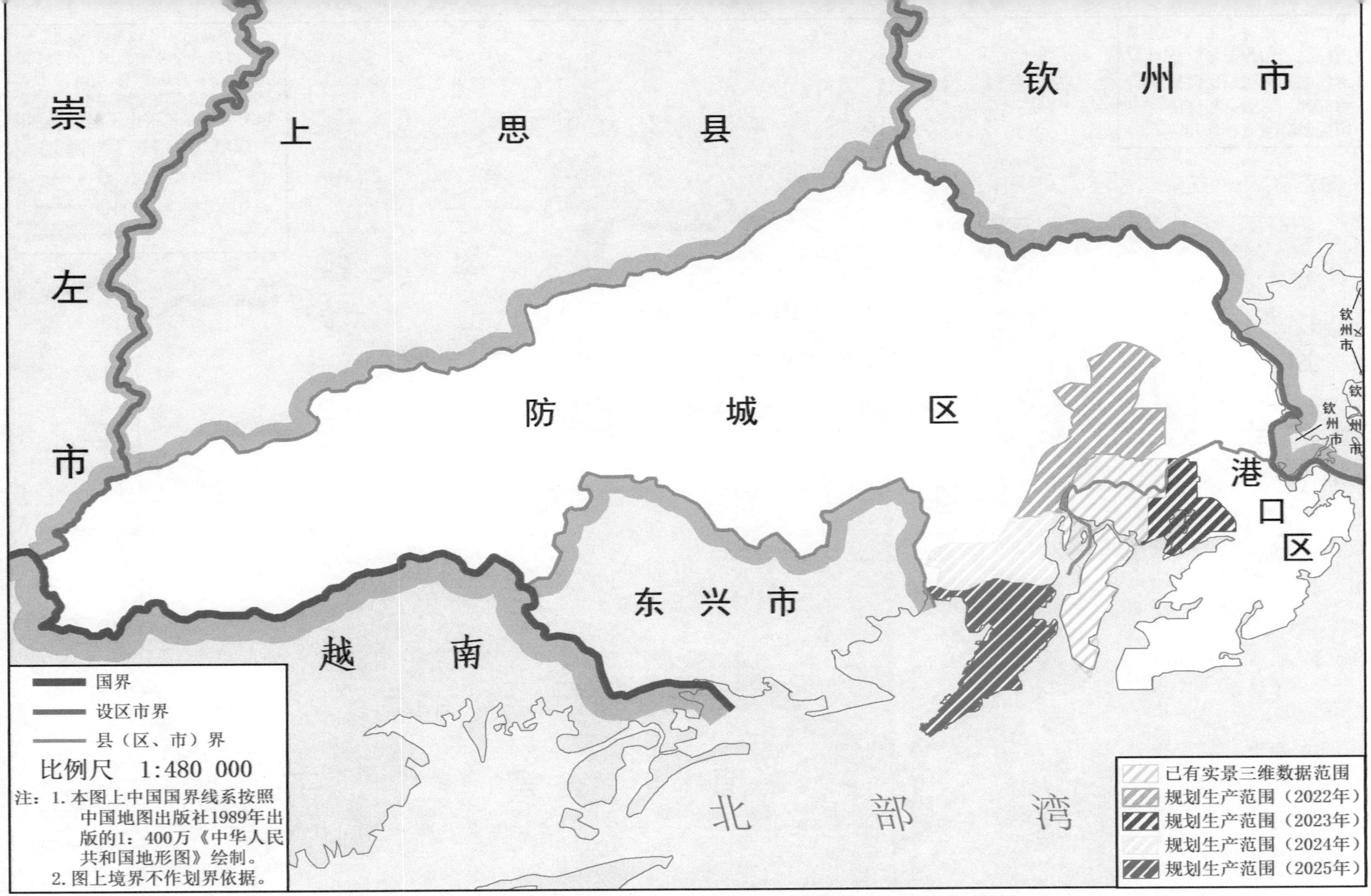

附图 14 防城港市辖区 1：500 比例尺 DOM 数据生产规划范围示意图

审图号：桂 S（2022）35 号

图例：

已有实景三维数据范围

规划生产范围（2022年）

规划生产范围（2023年）

规划生产范围（2024年）

规划生产范围（2025年）

国界

设区市界

县（区、市）界

比例尺　1：480 000

注：1. 本图上中国国界线系按照
中国地图出版社1989年出
版的1：400万《中华人民
共和国地形图》绘制。
2. 图上境界不作划界依据。

钦　州　市

钦　县

思　上

崇　左　市

港　口　区

防　城　区

东　兴　市

越　南

北　部　湾

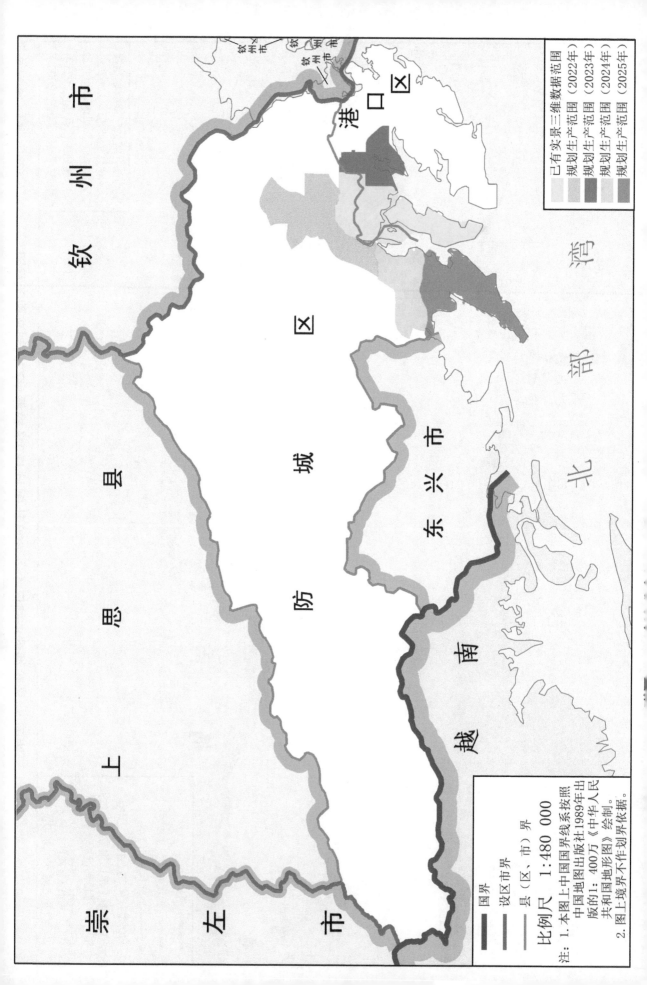

钦 州 市

港 口 区

防 城 区

东 兴 市

北 部 湾

越 南

崇 左 市

思 县

上

钦 州 市

已有实景三维数据范围
规划生产范围（2022年）
规划生产范围（2023年）
规划生产范围（2024年）
规划生产范围（2025年）

比例尺 1：480 000

国界
设区市界
县（区、市）界

注：1. 本图上中国国界线系按照
中国地图出版社1989年出
版的1：400万《中华人民
共和国地图》绘制。
2. 图上境界不作划界依据。